国家公园功能区划理论与实践

Theory and Practice of Functional Zoning of National Parks

赵 力 刘 楠 杜鸣溪 著

中国林业出版社
China Forestry Publishing House

内容简介

本书以国土空间规划和生态保护为视角，建立了"功能+格局"为核心要素的国家公园功能区划理论框架；基于功能区划理论与管理可行性，构建了空间格局分析与多因素权衡的国家公园功能分区方法；基于功能区与空间治理现代化，制定了国家公园分区管控策略；并以青海湖国家公园创建区为实证。该理论及方法适用于陆域国家公园的功能分区。本书可供自然保护地、生态环境与空间规划、地球与人居环境领域的研究人员、政策制定者借鉴，也值得高校国家公园建设与管理专业的师生参考。

图书在版编目（CIP）数据

国家公园功能区划理论与实践 / 赵力，刘楠，杜鸣溪著. -- 北京：中国林业出版社，2025.4. -- ISBN 978-7-5219-2912-6

Ⅰ．S759.992

中国国家版本馆 CIP 数据核字第 20240D1R14 号

策划编辑：肖　静
责任编辑：葛宝庆　肖　静
封面设计：时代澄宇

出版发行：中国林业出版社
　　　　　（100009，北京市西城区刘海胡同7号，电话83143612）
电子邮箱：cfphzbs@163.com
网址：www.cfph.net
印刷：河北鑫汇壹印刷有限公司
版次：2025年4月第1版
印次：2025年4月第1次印刷
开本：710mm×1000mm　1/16
印张：10.5
字数：200千字
定价：98.00元

序

  2013年，中共十八届三中全会提出建立国家公园体制，开启了自然生态保护、美丽中国建设、促进人与自然和谐共生的新征程，擘画到2035年基本完成国家公园空间布局建设任务，基本建成全世界最大的国家公园体系。国家出台了多项重要改革文件，推进国家公园建设，其中，2020年发布了《国家公园设立规范》等5项国家标准；2021年国家批准设立了5个首批国家公园；2022年国家公布《国家公园空间布局方案》，遴选确定了49个国家公园候选区。今后10余年是我国国家公园创建、设立的重要时期，须要单体国家公园相关理论和实践研究成果为之设立、评估、咨询和监测等各个环节的科学决策赋能助力。

  国家公园是大尺度的多元复合功能空间和复合生态系统区域，对其进行功能区划面临处理人地关系等诸多难点问题，同时要应对承担国家公园这个新型公共事务的挑战。其研究领域涉及生态、管理、地理、风景园林、国土空间规划、地理信息系统（GIS）等多个学科知识，需要相关学界与业界共同关注、协力探究，吸收国外先进的理论和学术思想，结合我国国情及研究区域地情，探索形成智库型的科研成果，对于国家公园规划具有现实必要性、重要性。

  很高兴读到赵力等撰著的《国家公园功能区划理论与实践》一书，这是一本专门阐述单体国家公园空间分区理论、方法问题的著述。该书秉承国家公园生态保护第一、国家代表性、全民公益性理念，承接国土空间规划体系，撷取主体功能区划的"主体功能"思维和生态功能区划的技术方法，将国家公园空间主要功能划分为保护功能、生态功能、社会功能3个维度；以生态功能属性指标主导构建生态保护重要性格局，以社会功能属性指标主导构建人类干扰强弱性格局，由二者叠加形成国家公园生态功能保护格局，从而建立了以"功能+格局"为核心要素的国家公园功能区划理论。作者对该理论以青海湖国家公园创建区为案例进行了实证。该书国家公园功能区划理论主要应用于如何确定陆域单体国家公园功能区的分类、分工和空间边界。在该理论的应用操作层面上，还要进行空间格局分析和多因素权衡，即分析和权衡生态功能保护格局空间表征性及其对核心资源的保护功能可实现性、管理可行性，并且分析和权衡顶层设计政策目标因素、当地经济社会状况因素和国家公园利益相关方因素等。其目标是国家公园功能片区有效、公平、正义和永续利用，功能片区之间差别化管理、协调化发展，所有功能片区分工与空间用途管控策略相衔接、相契合，最终实现国家公园保护、生态、科教、游憩等价值的最大化。应该说，该书功能区划理论框架中的技术流程、评价指标搭配及权重赋值，还有海量数据的处理整合、分析评价、空间叠加等是一个复杂、动态、开放的问题，应用实践该功能区划理论，则需要联系重点保护对象、旗舰物种栖息地、基础设施、生态保护红线等实际，对其技术流程、指标遴选等进行优化调整予以完善，才能使空间分区结果有效落地。总体上该书理论与实践并重，科学与政策结合，视野开阔、逻辑严谨、条理清晰、文献翔实、数据可靠，对陆域单体国家公园内空间分区，具有较为普适性的借鉴意义和应用价值。

该书饱含了作者在国家公园领域研究中所取得的成绩，我愿借作序的机会对其表示真诚祝贺！相信该书出版后，一定会助益于我国国家公园空间规划方法路径的研究，对高校国家公园建设与管理专业的师生、从事自然保护地工作的专业技术人员都将有所裨益。

是为序。

国家林业和草原局国家公园研究院院长
中国科学院生态环境研究中心原主任
中国生态学学会第十届理事长
美国国家科学院外籍院士
2024 年 12 月

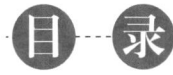

1 绪论 1
1.1 研究背景 1
1.2 研究目的和意义 7
1.2.1 研究目的 7
1.2.2 研究意义 8
1.3 研究进展与述评 8
1.3.1 国家公园分区演变及其发展趋势 9
1.3.2 国家公园功能分区理论研究现状 17
1.3.3 国家公园功能分区方法研究进展 20
1.3.4 相关研究的述评及小结 22
1.4 研究内容 24
1.4.1 构建国家公园功能区划理论框架 24
1.4.2 提出国家公园功能区划方法路径 24
1.4.3 建立国家公园空间资源本底数据库 25
1.4.4 制定国家公园功能分区空间管控策略 25
1.5 研究方法 25
1.5.1 文献查阅与实地调查法 25
1.5.2 GIS 空间分析法 26
1.5.3 多因素评价方法 26
1.5.4 多学科交叉融合视角 27

序

2 国家公园功能区划理论框架构建 ·· 28

2.1 概念界定与理论基础 ·· 28
2.1.1 概念界定 ·· 28
2.1.2 理论基础 ·· 37

2.2 国家公园功能及其区划理论框架 ·· 40
2.2.1 国家公园功能区划与主体功能区划、生态功能区划的异同探讨 ·· 40
2.2.2 国家公园功能的概念解构与3个维度 ·· 42
2.2.3 国家公园功能区划的功能分析及特征 ·· 45
2.2.4 国家公园生态功能保护格局建构 ·· 46

2.3 国家公园功能区划承接国土空间规划体系的传导指引 ·· 48
2.3.1 国家公园功能区划的理念指引与目标传导 ·· 48
2.3.2 国家公园功能区划理论实践的思路与对策 ·· 48

3 国家公园功能区划方法路径 ·· 54

3.1 功能分区划定原则 ·· 54
3.1.1 生态系统原真性与完整性原则 ·· 54
3.1.2 识别主要保护对象原则 ·· 54
3.1.3 保护优先与合理利用原则 ·· 54
3.1.4 前瞻动态变化原则 ·· 55
3.1.5 生态效应外溢原则 ·· 55

3.2 空间格局分析与多因素权衡分区路径 ·· 55
3.2.1 总体思路 ·· 55
3.2.2 分区指标体系构建 ·· 56
3.2.3 分区方法技术流程 ·· 59

3.3 生态保护重要性空间分区方法 ·· 63
3.3.1 生态系统服务功能重要性评价 ·· 63
3.3.2 生态系统敏感性评价 ·· 68

3.4 人类活动干扰强弱性空间分区方法 ·· 74

3.4.1 人类活动干扰指标构建 ……………………………………… 74
3.4.2 人类活动干扰综合评价 ……………………………………… 76
3.5 游憩资源等级及空间潜力评价 …………………………………… 77
3.5.1 游憩资源等级评价 …………………………………………… 77
3.5.2 游憩资源空间潜力评价 ……………………………………… 80

4 实证案例：青海湖国家公园创建区功能区划及管控策略 …………… 82

4.1 研究区域概况 ……………………………………………………… 82
4.1.1 研究对象 ……………………………………………………… 82
4.1.2 自然地理特征 ………………………………………………… 83
4.1.3 社会经济特征 ………………………………………………… 90
4.1.4 自然资源特征 ………………………………………………… 93
4.1.5 区域自然保护地现状 ………………………………………… 97
4.2 青海湖国家公园生态保护重要性空间格局分析 ………………… 99
4.2.1 生态系统服务功能空间格局特征分析 ……………………… 99
4.2.2 生态敏感性空间格局特征分析 ……………………………… 103
4.3 青海湖国家公园人类活动干扰空间格局分析 …………………… 106
4.4 青海湖国家公园游憩资源空间格局分析 ………………………… 109
4.4.1 游憩资源类型及空间分布 …………………………………… 109
4.4.2 游憩资源等级评价 …………………………………………… 116
4.4.3 游憩资源空间潜力预测 ……………………………………… 120
4.5 青海湖国家公园功能区划定 ……………………………………… 121
4.5.1 多因素权衡 …………………………………………………… 121
4.5.2 功能区划定 …………………………………………………… 124
4.5.3 功能区生态特征识别 ………………………………………… 126
4.6 青海湖国家公园游憩管控与容量控制策略 ……………………… 126
4.6.1 游憩活动及行为管控 ………………………………………… 126
4.6.2 生态环境容量控制 …………………………………………… 127
4.7 青海湖国家公园管控计划与准入机制策略 ……………………… 130
4.7.1 空间管控计划 ………………………………………………… 130

4.7.2　空间准入负面清单 …………………………………… 133
　　4.7.3　管控目标与措施 ……………………………………… 134

5　结论与展望 ………………………………………………………… 137
　5.1　主要研究结论 …………………………………………………… 137
　5.2　研究展望 ………………………………………………………… 140

参考文献 ……………………………………………………………… 141

附录A　青海湖国家公园创建区珍稀濒危野生动物名录 ………… 156

附录B　青海湖国家公园创建区珍稀濒危野生植物名录 ………… 158

后　记 ………………………………………………………………… 159

1 绪 论

1.1 研究背景

全球自然保护地网络是迄今为止最广泛的自然资源保护系统(Kubacka et al.，2022)，长期以来一直被视为自然保护运动的基石，对生物多样性保护至关重要(王伟和李俊生，2021)。然而，尽管在过去几十年里生态环境质量逐渐改善，但生态系统破碎化、孤岛化和物种灭绝的过程仍在全球范围内继续进行(Steffen et al.，2015；Johnson et al.，2017)，潜在的生态保护缺口仍然存在(Wu et al.，2019)。国家公园作为自然保护地体系中重要类型之一，是世界公认的保护自然生态系统、自然文化遗产以及珍稀濒危野生动植物的有效形式和途径(Adams et al.，2019，Visconti et al.，2019)。2017年至2019年，我国中共中央办公厅(以下简称"中办")、国务院办公厅(以下简称"国办")相继印发了《建立国家公园体制总体方案》(以下简称《总体方案》)和《关于建立以国家公园为主体的自然保护地体系的指导意见》(以下简称《指导意见》)，表明我国正在逐步构建全球最大的国家公园体系和重组现有自然保护地体系，以应对未来气候变化与生物多样性丧失带来的危机。2022年10月，党的二十大报告进一步指出，推进以国家公园为主体的自然保护地体系建设，以促进我国生态系统多样性、稳定性和持续性。

相关研究表明，生态保护与社会经济发展之间的矛盾，是全球国家公园建设与管理面临的重大挑战(Silva et al.，2021；Zhang et al.，2020b)。为了最大限度地保护生物多样性和促进民生福祉，国家公园进行功能分区是实行差别化管理、实现多功能目标需求的重要手段之一，有效地平衡了保护和发展的需求(Ma et al.，2022)。同时，科学合理的功能区划有助于加强国家公园的生态系统完整性、原真性和生物多样性保护(Wang et al.，2021b；Cao et al.，2019)。面对国家公园这一区域生态保护与经济社会复合生态系统的功能分区问题，由于我国自然资源管理目标不断改进，国土空间治理现代化理念也不断更新，传统自然保护地的功能区划目标和方法已经产生了一系列保护与发展不相适应的矛盾。在这一问题的基础上，功能区划研究担负着严格保护生态系统和合理利用生态资源以及发挥区域空间功能的多重角色。如何通过多指标的评估和量化来实现功能区划在国家公园中的空间特征，是我国国家公园体制和自然保护地体系发展的重要内容和研究领域。

(1) 传统自然保护发展模式是影响生态系统保护有效性的原因之一

由于生态系统退化进而引起的生物多样性下降已成为全球三大环境危机之一，对现有自然保护方式的必要调整是实现《昆明—蒙特利尔全球生物多样性框架》"30×30"全球性的保护目标的重要措施(Johnson et al., 2017；马克平，2023)。在我国，自然保护这一重要的生态空间载体，自古以来就有"天人合一""道法自然"和"万物平等"等理念，体现着人与自然和谐共处的传统自然观和行为准则(唐芳林，2017b)。早在3000多年前，中国的自然保护思想和实践就出现了，并产生了众多与佛教、道教、祭祀封禅等有关的"名山风景区"。1931年，南京国民政府试图效仿日本，以太湖为基地，计划创建"国立公园"，由于不断的战争影响，并未真正实施。新中国成立后的1956年第一届全国人大第三次会议首次提出建立自然保护区计划，同年我国第一个自然保护区——鼎湖山国家级自然保护区应运而生(Peng, 2018；林凯旋和周敏，2019)。在此基础上，20世纪80年代我国就设立了同样英译为"National Park"的国家级风景名胜区(邓武功等，2019)，同时也借鉴了一些欧美等发达国家建设国家公园的理念和经验做法，但仍未建立真正意义上的国家公园。经过60多年的发展，我国相关行业国家主管部门按照行业特点和管理目标分别建立了不同类型的自然保护地，遍布全国各地，包括自然保护区、风景名胜区、森林、沙漠、地质、湿地等公园类型的自然保护地(图1-1)，占全国国土面积18%以上(唐小平等，2020)，已基本形成了以自然保护区为基础，类型较为齐全、功能较为完善、空间布局较为合理的自然保护地网络(呼延佼奇等，2014)，在维护我国生态系统安全、生物多样性以及促进区域发展方面扮演着重要角色。

图 1-1 我国国家级自然保护地类型

然而，需要引起关注的是，由于我国早期自然保护地"先画圈后保护"以及"抢救式保护"的发展模式(赵力和周典，2021)，行业部门分头设立了不同类型的自然保护地，缺乏顶层设计和统一管理(Li et al., 2016)，导致2000年至2010年间，生物多样性及其栖息地场所仍然减少了3.1%(Ouyang et al., 2016)。并且，部分自然保护地在机构上,重叠设置、多头管理、权责不明等;在空间上,边界不清、功能分区不够科学合理、与其他保护地交叉重叠等;在保护成效上,存在生态系统退化、物种栖息地孤岛化、保护与发展矛盾突出等现实尖锐问题(靳川平等,2020;徐菲菲等,2023);特别是各类保护地在多种分区之间的功能定位相互矛盾,制约了我国生态系统和生物多样性保护的有效性。

(2)国家公园是生态文明体制的重要载体和生态保护优先区域之一

我国是全球生物多样性较丰富的国家之一(Liu et al.,2003),加强生物多样性和环境保护也是我国生态文明建设的核心内容(Lu et al.,2017)。2015年9月,我国中办、国办联合印发了《生态文明体制改革总体方案》,提出了建立国家公园体制并实行最严格的保护,促进生物多样性、自然生态系统以及自然与文化遗产得到系统保护。同时,对林草、自然资源、水利、住建、农业农村等行业主管部门各自设立的自然保护地进行体制改革,整合重组各类自然保护地功能,以实现合理界定以国家公园为主体的自然保护地边界和分区。从一系列国家政策可以看出(图1-2),国家公园从"代表"到"主体"(彭建,2019;郭甲嘉和沈大军,2022),不仅提高了国家公园在自然保护地体系中的重要地位,而且是实现国土空间开发保护高质量发展的前提条件。这也是我国在新时代背景下推进自然保护地体制改革方面取得了里程碑式的进展。

图1-2 我国关于国家公园的相关政策脉络

近年来,我国通过发展国土空间规划体系和主体功能区制度来优化土地利用模式。在此基础上,为了维持区域重要的生态功能、生物多样性和生态系统服务,还划定了生态保护红线(Bai et al.,2018)。国家公园作为我国新型自然保护地体系中最高一级,属于国土空间规划体系中的生态保护优先区域,而且已经成为优化"生产、生活、生态"三生空间的关键区域,纳入三条控制线范围中的生态保护红线管控，实行最严格的保护制度，标志着中国自然保护事业步入一个全新的发展阶段。截至 2019 年，中国已经建立自然保护区等各类保护地 1.18 万处（闵庆文，2022），在国家公园体制试点的基础上，2021 年中国政府对外宣布正式设立三江源、大熊猫等 5 个国家公园(图 1-3)；2022 年，我国国家公园空间布局方案从各自然生态地理区中遴选确定了 49 个国家公园候选区(其中，陆域 44

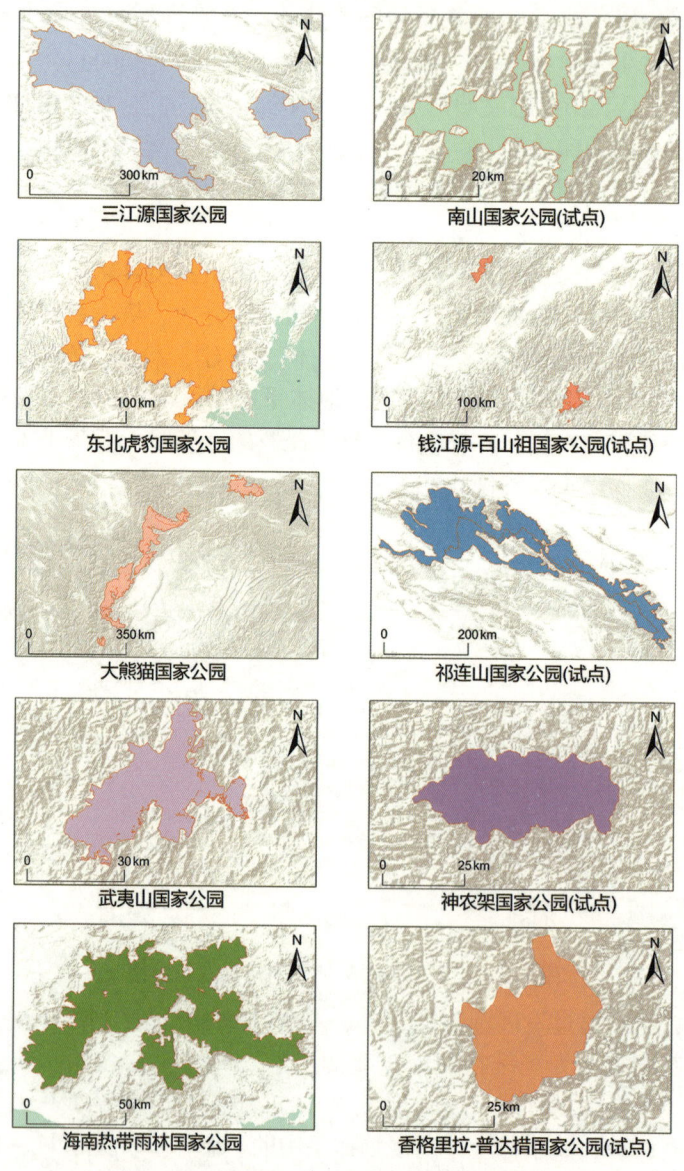

图 1-3 我国已设立和试点国家公园空间分布

个、海域 5 个);计划到 2025 年建全国家公园体制,到 2035 年根据自然属性、生态价值和管理目标等特征,构建全球最大的国家公园体系。

当前,我国在国家公园建设的进程中,仍然面临着超过 20% 的脊椎动物和超过 10% 的高等植物受到威胁或灭绝(Liu et al.,2018)。面对这一困境,加快构建以国家公园为主体的自然保护地体系,并以其为抓手和契机破除造成目前自然保护地治理困境的各种体制机制弊端,对现有各类保护地范围及功能分区进行优化调整,同时对各级各类自然保护地进行整合优化,一个保护地只有一套机构、保留一块牌子(李春良,2019;唐小平等,2020a;徐菲菲等,2023)。最终实现山水林田湖草沙作为生命共同体的系统保护和维护我国生态安全(Wei et al.,2020)。

(3)基于不同方法路径的国家公园功能区划仍需要深入研究

虽然我国在自然保护领域的区划研究已有多种视角、方法和模型,但对于我国新建立的国家公园这类自然保护地来说,不同国家公园复杂的资源特征导致分区在管理实践中存在诸多问题,尤其是有效发挥国家公园功能和实现国家公园理念的分区研究滞后于实践的步伐。与此同时,我国国家公园是典型的区域复合生态系统,是由自然生态系统和人类社会经济系统共同组成的区域空间,面临着巨大的人类活动压力(Jones et al.,2018),生态保护与经济发展的矛盾问题十分突出(Xue et al.,2023)。究其根源,重要原因之一在于缺少与之相适应的功能分区理论和方法(黎国强等,2018)。目前,我国已出台了《国家公园功能分区规范》(2018 年),但没有给出具体的分区路径和方法可供操作,且在实践中,各国家公园分区模式、片区数量、名称仍没有统一。传统的分区方法更多是依靠政府主导或专家决策的方式,甚至有些自然保护地没有明确的功能分区界限,极大降低了区域生物多样性保护与资源的合理利用(Brennan A et al.,2022)。

在国家公园的发展目标中,世界自然保护联盟和《指导意见》明确提出了"保护"是国家公园的首要功能。除此之外,国家公园倡导全民共享,准予开展不损害生态环境的生态体验、自然教育、自然观光以及原住民生产生活和基础设施改造等活动,使社会公众有机会享受亲近自然、体验自然、了解自然,并提供作为国民福祉的游憩机会(赵力和周典,2021)。由此可见,国家公园功能区划研究涉及自然保护、生态、人文地理、地理信息系统、规划、管理、旅游等多个学科或领域的理论和方法,是一个多学科交叉的研究内容。

因此,要从多因素权衡视角去研究国家公园功能区划理论与方法,探讨不同指标因素和空间格局的量化分析与国家公园功能分区之间的关系,增加研究内容的多学科融合和方法的普适性,逐渐改变传统分区方法带来的保护与发展矛盾突出以及管控措施针对性、操作性不强等问题,从而优化国家公园功能分区空间格局。其最终目标是为中华民族永续发展留下生态空间和自然遗产,实现人类与自然和谐共生的空间新格局(王梦君和孙鸿雁,2018)。

(4)实证案例背景:青海湖国家公园是生物多样性热点和提供多种生态系统服务的重要来源区域

作为世界"第三极"的青藏高原是我国乃至亚洲重要的水源涵养生态功能区,全球高海拔区域生物多样性最集中的地区之一,是三江源、祁连山国家公园等正式设立和体制试点重要区域(图1-4)。然而,高、冷、干的环境使该区域生态系统非常脆弱,以及对人类活动也非常敏感(Shicheng et al., 2020)。例如,在过去几十年里的过度放牧等活动,导致该区域生物多样性丧失、水土保持能力减弱以及生态系统明显退化等(Newbold et al., 2015)。青藏高原国家公园群的建立对于青藏高原脆弱的环境、敏感的生态系统有着关键作用,促进了生态保护与原住民生产、生活可持续发展,特别是在集中贫困和重要生态系统以及景观价值的区域,这种保护模式提供了良好的生态、社会和经济效益(Fan et al., 2019)。

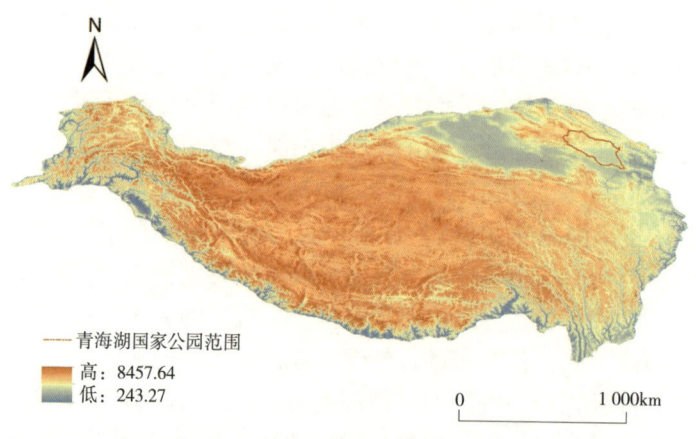

图1-4 世界"第三极"青藏高原上青海湖国家公园位置

青海湖国家公园作为青藏高原国家公园群重要组成部分,是典型的山水林田湖草沙复合生态系统聚集区域,对于维护青藏高原区域生态安全、发挥国家公园多重功能具有重要意义(连喜红等,2019;韩艳莉等,2019)。近年来,随着全球气候变化日益加剧,青海湖面积增大、水位上升,周边草地生态系统退化,野生动物及其栖息地生存环境持续恶化(Zhang et al., 2020a),加之公园范围内社会经济发展和原住民生产生活所产生的人类活动干扰,对区域生态环境造成一定破坏,使青海湖国家公园创建面临着一系列"保护与发展"矛盾等极具挑战的现实问题。虽然该区域原有各类自然保护地的分区方案对生态环境予以保护,但还是没有从空间上统筹解决保护和发展不平衡、分区边界不明确、湿地连通性下降、旗舰物种栖息地孤岛化、碎片化等科学问题和现实问题。因此，基于对区域的科学考察，在分析区域空间功能基础上，提出国家公园主要功能，识别青海湖国家公园重要生态系统、旗舰物种、自然景观与遗迹以及人类活动干扰区域等重要程度，确定优先保护区域以最大程度发挥其国家公园多重功能作用，是当前国家公园建设与管理的重要课题(Li et al., 2020)。

1.2 研究目的和意义

1.2.1 研究目的

1.2.1.1 探究国土空间规划体系下的国家公园功能区划应用性理论框架

从现有政策和既往文献的梳理和实践经验入手，结合国家公园的空间格局特征，首先，以区域空间功能为视角，解构我国国家公园功能内涵，明确国家公园在生态安全和生态保护中的定位与功能，分析整合相关空间区划与国家公园功能区划的异同关系；其次，深入探讨国家公园功能区划的功能特征，构建以国家公园核心功能为出发点的"功能+格局"的国家公园功能区划的理论框架；最后，通过国土空间规划对国家公园功能区划的传导指引，提出支撑我国国家公园功能区划路径及管控的理论框架与方法思路。

1.2.1.2 构建适宜于我国国家公园核心功能和多维指标量化的区划方法路径

目前，对于国家公园功能区划的研究多以野生动物栖息地的覆盖范围和生物多样性保护为主，较少围绕国家公园功能属性所涉及的多维指标因素与空间格局分析为目标进行分区研究。本研究根据国家公园资源类型和空间格局特征，依托地理信息系统等构建空间资源本底数据库，提出以国家公园核心功能即生态保护重要性为目标，制定"区划原则—区划路径—指标选取—评价方法—空间分析—权衡分区"的方法路径，构建基于空间格局分析与多因素权衡的国家公园功能区划方法体系，进一步丰富国家公园区划方法研究。

1.2.1.3 识别生态保护重要性关键区域，提出国家公园功能分区方案及管控策略

在功能区划路径与方法的基础上，通过调查数据和多源数据集，利用地理信息系统(GIS)，定量分析国家公园生态保护重要性关键区域以及人类活动干扰敏感区域等空间格局，以及真实把握游憩资源等级和空间潜力分布特征，综合多因素提出国家公园功能分区方案。按照不同分区的生态特征和管控目标，分别从分区管控活动与行为、空间承载力、管控计划与准入机制等方面进行探讨，有针对

性地为制定国家公园分区管控提供直观的管控策略。本机制旨在以不同主导功能的空间单元及差别化管控要求，实现其保护价值和综合功能的整体效用最大化，为国家公园建设与管理提供建议和思路。

1.2.2 研究意义

我国正在如火如荼地开展以国家公园为主体的自然保护地体系建设工作，而研究国家公园功能区划既是现实问题，也是技术问题和政策问题；既是实现国家公园管理目标和协调人地关系的重要手段，也是形成使各利益相关者认同的边界共识。本研究是在此大背景下，针对当前国家公园功能分区及管控面临的自然与人文资源保护利用矛盾问题，从空间格局分析与多因素权衡视角对其进行深入解析与实践探索，其研究意义主要包括以下两方面。

在理论与方法研究方面，国家公园功能区划如何实现生态保护与资源利用协调发展等问题，成为当前该研究领域的热点与前沿。目前，针对国家公园边界划定和功能区划的理论研究还相对薄弱，能够普遍适用我国国家公园边界划定和功能区划方法体系框架也相对缺乏。本研究引入国土空间规划视角，提出了"功能+格局"的国家公园功能区划基础理论框架，对丰富我国国家公园功能区划方法体系研究具有一定的理论探索意义；并且构建了基于空间格局分析与多因素权衡的国家公园功能区划方法和模式，进一步以科学定量的方法研究国家公园功能分区空间格局，为陆域国家公园功能分区划定提供技术和方法借鉴，具有一定的研究意义与普适性借鉴。

在现实实践方面，本研究以拟建青海湖国家公园创建区为研究对象，其位于世界"第三极"，是我国乃至全球重要的生态功能区和生态安全屏障，且拥有中国最典型的湿地生态系统——内陆最大咸水湖。同时，国家公园内以往的无序人类活动和地方经济发展诉求影响了生态环境保护。因此，研究青海湖国家公园有效的功能分区，对于推进典型生态系统保护、增强高原复合生态系统生物多样性、彰显国家代表性和国际典型性以及协调环境保护和经济发展等矛盾问题有着不可替代的作用。此外，本研究试图研究建立基于分区的基本管控机制，给各地国家公园管理提供建议和参考，从而促进国家公园事业健康发展。鉴于此，针对青海湖国家公园功能区划及管控策略的研究对我国陆域国家公园生态保护、绿色发展、文化传承、社会稳定等都具有重要的借鉴与现实意义。

1.3 研究进展与述评

分区(zoning)一词起源于20世纪30年代的美国，其背后目的并没有服务于人们所向往的"乌托邦",而是英国普通法中妨害法(Nuisance Law)的延续与转型(陈璐等,2022)。从过往文献来看,第一个综合分区是在美国波士顿完成的,而第一个"分区委员会"成立于纽约(赵智聪和彭琳,2020)。最初,分区的基本思想是将存在潜在矛盾的土地,利用区划的方式分进行分配。通过界定土地空间和所有权,使财产拥有者的利益得到保护,而土地的价值属性也将得以稳固和提升(弗雷德里克·斯坦纳,2004)。随着城市和经济的快速发展,分区的思想也逐渐在国家公园等自然保护地建设和管理方面得到广泛应用。

1.3.1 国家公园分区演变及其发展趋势

1.3.1.1 分区在国外国家公园领域的演变与模式应用

自从1872年美国在怀俄明州建立黄石国家公园以来,全球范围内超过200多个国家和地区通过官方建立国家公园来保护受到威胁的生态系统和生物多样性(Xu et al.,2017)。起初,国家公园并没有"分区"这一概念,随着生态环境问题的日益突出,带来的物种保护问题也日趋显现,许多专家和政府人员开始意识到现有保护方法已不能缓解人类活动对国家公园的影响。随后,由于人类保护意识的不断提高和科技水平的快速进步,国家公园功能分区实践应用主要集中在美国、俄罗斯、加拿大、澳大利亚、日本和韩国等发达国家。除此之外,南非一些国家也对国家公园功能分区进行了探索和实践。总体来看,国家公园分区模式的演变大致可分为4个阶段。

(1)1872—1920年,国家公园分区思想的产生

自然保护地分区思想可以追溯到公元前1000年至公元前2500年期间在古巴比伦和苏美尔建立的狩猎保护区,这种以动物为保护对象的保护地并没有考虑随人口增长所需提供护栏的需求以及其他问题(Brockman and Merriam,1979)。直到1872年黄石国家公园建立之后,在1882年到1887年间,为了保护动物在国家公园及其周边区域的迁徙路径,Sheridan和Powell等人提议以立法形式扩大火山口湖国家公园外围边缘3km以上,以满足骡鹿和羚羊等野生动物的冬季迁徙需求(黄丽玲等,2007)。1898年,参议院要求内政部长决定黄石公园以南的地区是否应由公园管理机构控制,以减少对野生动物的威胁(Brownell,1931)。此后在1907年到1912年间,美国内务部部长试图扩大瑞尼尔山、火山口湖和美国冰川国家公园的范围,为有蹄类动物提供更多的冬季活动范围,但均未成功(Shafer,1999a)。随着城镇化的快速发展和生态保护问题的矛盾日益突出,一些学者意识到,对国家公园进行分区设计可以促进当地的生态保护,并为国家公园在外围建立缓冲区提供了一些建议。这一时期,人们对国家公园逐渐产生了分区的萌芽。

(2) 1930—1940年,"核心区—缓冲区"模式

20世纪30年代初期,由于美国大量土地权属属于私有性,以及行业和部门之间的利益掠夺,使国家公园周边人地矛盾日益激化,这就导致了扩大国家公园边界的做法实践起来并不简单(黄丽玲等,2007)。为了解决保护生物多样性不断出现的新问题,Wright等人从保护生物学的角度出发,提出了建立缓冲地带(buffer area)的建议,起初他们并没有关注对物种栖息地的隔离,而是关注公园的大小、边界形态和外部边界的影响(Shafer,1999b),认为公园外部干扰因素可能是人类或外来物种未找到国家公园边界而造成的。自此,栖息地隔离逐步演变为缓冲区(buffer zone)的概念(Rasmussen,1934)。到20世纪30年代中期,Shelford建议国家公园由核心区以及周围环绕着缓冲地带组成,构成了最早的国家公园分区形态(Shelford,1941)。1941年,Shelford正式提出缓冲区"buffer zone"这一概念(Shelford,1933),缓冲区被定义为"设法过滤来自周围活动不适当影响的地带"(Reid,1989)。从而开始了"核心区—缓冲区"两圈分区模式的探索,并将缓冲区进一步分为了内部和外部缓冲(图1-5),为后续国家公园功能分区研究开辟了新的思路。

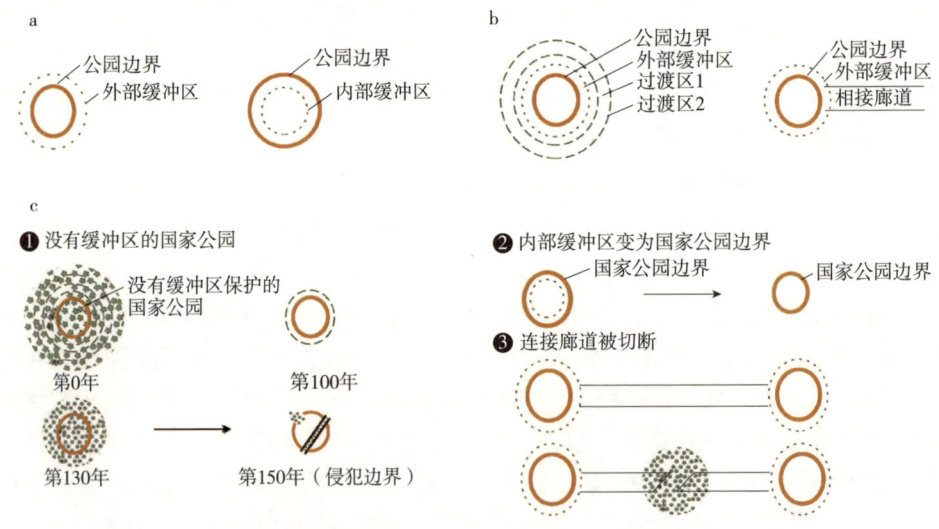

图1-5 国家公园一区变两区模式演变

注:a. 几何基础;b. 附加范围;c. 消极场景。

(3) 1960—1980年,"核心区—缓冲区—过渡区"模式

20世纪60年代,为了协调国家公园内及周边居民生计和社区发展需要,国家公园管理机构选择与公园边界外的土地权属所有者合作,以降低边界土地使用

对野生动物的威胁。1974年,联合国教科文组织(UNESCO)从全球国家公园发展出发,正式建议生物圈保护区设立缓冲区,并提出"核心区—缓冲区"的国家公园分区模式,允许当地人居住在缓冲区并可以开展娱乐和旅游活动(Forchoice,1974)。与此同时,Forster对国家公园经过实地的调研和分析后认为,具有管理和秩序的游憩活动可以减轻对公园环境造成的压力,并提出了同心圆式三圈层分区模式,分别由核心保护区、游憩缓冲区和密集游憩区构成(Forster, 1973)(图1-6)。

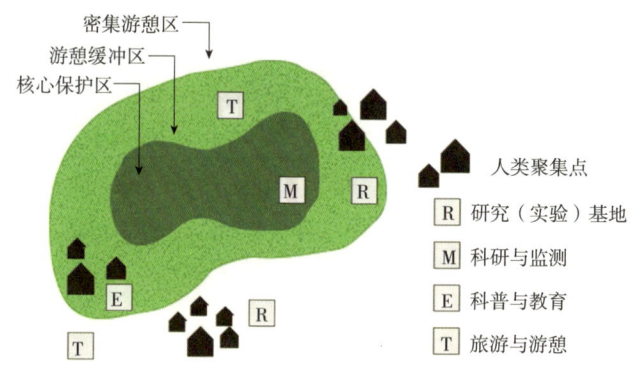

图1-6 三圈层模式(杨锐等,2020)

1984年,UNESCO为了实现生态系统和物种的有效保护,提出将生物圈保护区的"核心区—缓冲区"两区模式变为"核心区—缓冲区—过渡区"三区模式(图1-7),至今三圈层模式在保护生物多样性方面仍被普遍应用。

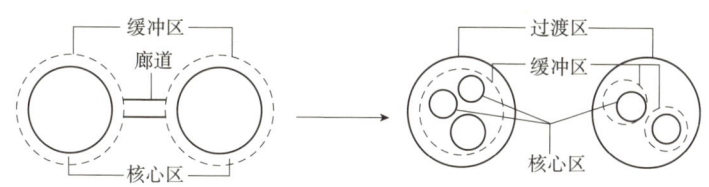

图1-7 生物圈保护区两区变三区模式(于广志和蒋志刚,2003)

(4)1980年至今,以"自然资源保护和开发利用"分区模式

1982年,美国国家公园管理局提出,国家公园应根据其资源保护和利用程度进行功能分区,分区模式特征逐渐由圈层结构转变为体现各分区主要功能的分区结构,管控策略逐渐演进为以管理目标为导向反映各分区差别化。直到1994年,著名旅游学家冈恩(Gunn)在Forster提出的三圈层分区模式的基础上,考虑到物种保护和居民游憩利用同等重要,提出了国家公园五区划分模式,包括重点资源保护区、低利用荒野区、分散游憩区、密集游憩区和服务社区(Chesworth,2004)。这种五区的划分模式较好地起到了对公园物种保护和游憩利用的缓冲作

用,因而被广泛应用于加拿大和美国的国家公园中。

综上所述,美国作为全球设立国家公园最早的国家,功能分区经历了由二区法演进至三区法、四区法,到现在以自然资源保护和开发利用为功能的分区模式(唐芳林等,2017b)。除美国外,其他国家也根据本国国情将国家公园设置了不同分区模式,主要集中在规划与建设、自然资源保护与利用、生态系统演替、管理体制构建等方面(表1-1)。

表1-1 国外国家公园分区模式比较一览

代表性国家	国家公园分区模式
美国(唐芳林等,2017b)	原始自然保护区、特殊自然资源区、人文资源区、公园发展区、特殊使用区
加拿大(Price,1983;Mroz,2012)	特别保护区、荒野区、自然环境区、户外游憩区、国家公园服务区
澳大利亚(袁南果和杨锐,2005)	完全保护区、可以供参观游览区
俄罗斯(严国泰和沈豪,2015)	游憩区、缓冲区、完全保护区
日本(国立公园)(Xu,2013)	特别保护区域、特别区域(Ⅰ、Ⅱ、Ⅲ)、普通区域、限制进入区域、利用调整区域
韩国(虞虎等,2017)	自然保存区、自然环境区、居住区、公园服务区
南非(唐芳林等,2017a)	偏远核心区、偏远区、安静区、低强度休闲利用区、高强度休闲区

1.3.1.2 分区在我国国家公园领域的演变与模式应用

早在20世纪50年代,我国从鼎湖山国家自然保护区设立就开始探索分区应用与模式。早期采用UNESCO建议生物圈保护区分区的基本模式,将自然保护区划分为核心区、缓冲区与实验区的三区模式。直到20世纪80年代之后,我国自然保护地事业得到了快速发展,相关行业部门相继设立了新的自然保护地类型,其类型、规模和数量均呈快速增加趋势(彭琳等,2017),分区模式也逐渐多样,其分区理念也处于不断发展和完善中。由于2017年之前我国并没有真正意义上的国家公园,功能分区研究主要集中在传统的自然保护地类型中。直到近几年,国家公园这类保护地在我国出现后,功能分区研究也逐渐以此为主体进行探索。由此看来,我国自然保护地和国家公园功能分区模式的演变大致可分为4个类别。

(1)自然保护区功能分区模式

自我国自然保护区最早采用生物圈保护区分区模式后,直到1985年,国家才出台了关于自然保护地分区管理的规范依据《森林和野生动物类型自然保护区管理办法》，该办法采取了"二分法"，包括核心区和实验区。核心区仅限于进行观测和科学研究，实验区则允许开展各种生态体验、科学教育等各类活动（唐小平，2019）。随后众多专家和学者对自然保护区功能分区进行了多视角探索，刘信中（1989）提出了根据自然资源条件和综合管理的要求将保护区划分为核心区、缓冲区、实验区、经营区、旅览区、动（植）物园、生活服务区等7类分区，并明确了不同分区的综合管理措施；周本琳和徐惠强（1991）根据保护区内不同区域的自然资源健康程度，对邵武将石省级自然保护区进行保护价值及风景质量的综合评价，从而确定其功能分区；徐嵩龄（1993）从生态学理论和"持续发展"的资源经济学理论等方面论述了自然保护区功能分区划定的适用范围和基本原理，提出保护性经营区的概念，进一步丰富了三区划分的内涵；周世强（1994）根据自然地理特征和社会经济条件，将卧龙国家级自然保护区划分为核心区、缓冲区、实验区、天然维持区、控制利用区和利用区6个功能区，并初步提出了不同分区的管理途径。1994年，国务院发布了《中华人民共和国自然保护区条例》，采取"核心区—缓冲区—实验区"三分法模式，使自然保护区空间的划分更加清晰。

（2）风景名胜区功能分区模式

我国风景名胜区的功能分区相关研究稍晚于自然保护区，其目的在于在不同区域之间建立起相应的区划关系，从而根据区域的性质和特点进行科学合理分区，并实行相应的管理制度和建设强度。从近几年来相关学者的研究成果来看，马冰然等（2019）从综合管理的角度出发，通过多指标适宜性评价，将黄山风景名胜区分为生态保育区、景观保护区、经济发展区一级区3个，其中每个一级区又细分为2~3个二级区（图1-8）；赵智聪和彭琳（2020）认为虽然风景名胜区分区是基于多目标展开的，但对于主要分区对象仍然应保留相应空间，与其他保护地类型相较而言，风景名胜区分区拥有更多的层次和类型，有利于更加全面地实现自然和人文资源的保护与利用；陈宇昕等（2019）提出将风景名胜区分区方案由三级管控调整为二级管控，并实行差异化管控措施，同时建议除增加不同景区以外，还要明确在管辖区域内的分区管控模式和管控目标，以适应未来国家对自然保护地统一标准和规范管理的要求。

（3）自然公园功能分区模式

20世纪80年代我国开始了森林等自然类型公园的建设，大部分森林公园是由原国营林场直接转变或加挂牌子而来，其定位是供人们观光、休憩、游览、疗养的场所，并具备开展一些科研、生态体验和生态教育活动的功能。起初森林公园分区借鉴了城市公园分区理论与方法，但很大程度上不适用于森林公园，往往

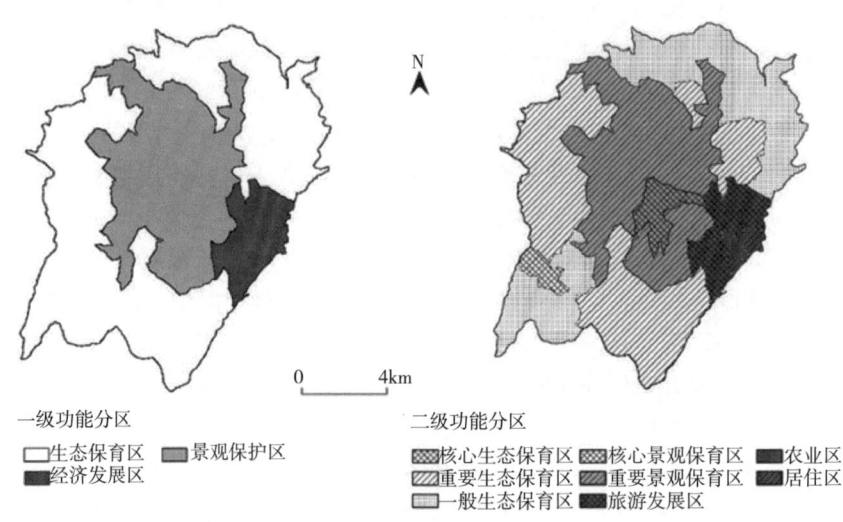

图1-8 黄山风景名胜区功能分区(马冰然等，2019)

缺少科学分析，仅凭规划者的主观经验划分景区，难以有效保护公园原有的自然生态环境(房仕钢，2008)。2012年，原国家林业局发布了《国家级森林公园总体规划规范》，将森林公园功能区划分为生态保育区、核心景观区、管理服务区和一般游憩区4个区域，进一步明确森林公园功能分区类型。与此同时，国内的学者们也在进行理论与实践上的探讨，房仕钢(2008)通过对比国内外森林公园差异性，明确国内森林公园发展目标和方向，提出应更多以资源保护为导向进行功能分区；孙盛楠和田国行(2014)根据森林风景资源等级评价结果，结合游憩机会类别(ROS)技术将嵩县天池山国家森林公园划为4个功能分区；Zheng等(2019)利用地理信息系统(GIS)与层次分析法(AHP)相结合的方法，科学评价和整合了天柱山国家森林公园的视觉敏感度和生态敏感度，确定了3个功能地带(图1-9)，包括自然恢复/保护区、一级开发区和二级开发区，为最终公园功能分区提供参考。除此之外，我国地质公园(蔡韵，2017；陈斌等，2019)、湿地公园(Gong et al.，2021)等自然公园根据自然条件和管理需求也进行了相应的分区设计(图1-10)。

(4)国家公园功能分区模式

由于2017年以前我国国家公园还没有明确的定义(王智等，2004)，国家公园功能区划研究在我国自然保护学术界属于新趋势、新热点。早期，我国台湾地区根据国家公园自然资源特性与土地利用类型等因素，将功能区划分为生态保护区、特别景观区、史迹保存区、游憩区和一般管制区等类型，采取差别化措施实现保护与利用目标(胡宏友，2001)。近几年来，有关国家公园功能分区研究才逐

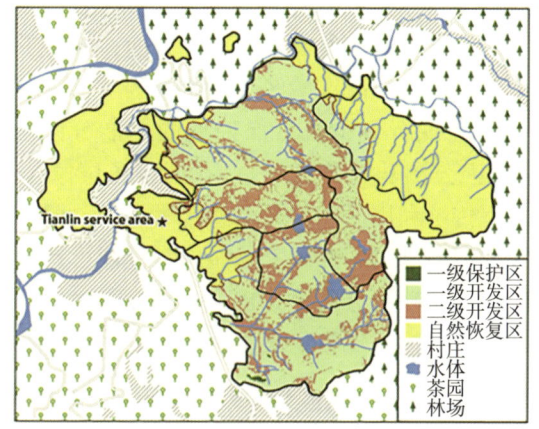

图 1-9　天柱山国家森林公园功能分区建议（Zheng et al.，2019）

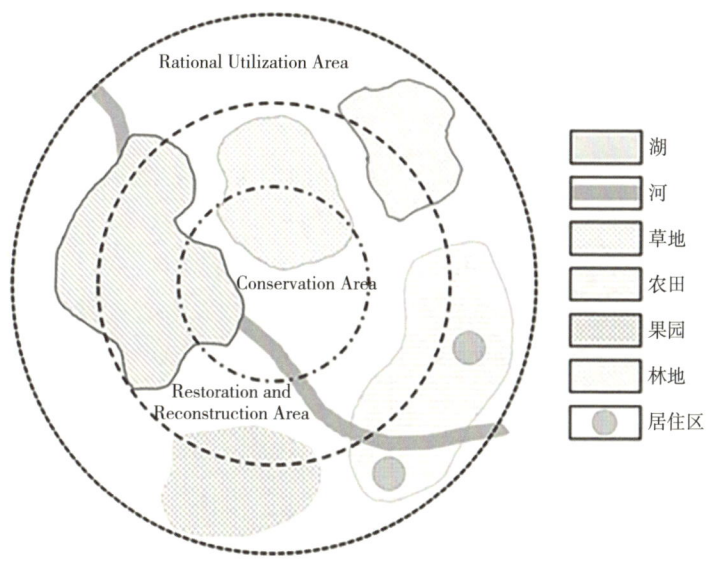

图 1-10　湿地公园景观类型功能分区策略（Gong et al.，2021）

渐增多，尤其是我国三江源、祁连山、武夷山、东北虎豹、海南热带雨林以及大熊猫、南山、普达措、神农架、钱江源 10 处国家公园试点和正式挂牌公布后，相关专家和学者对国家公园功能分区进行了进一步探讨。唐芳林等（2017b）对中国各国家公园功能分区的名称、面积以及管控措施等方面进行了深入分析，在总结国内外的实践基础上，对中国国家公园的功能分区模式及划分方式进行了探讨；黎国强等（2018）通过梳理和探讨全球典型的国家公园功能分区模式，结合我国现实情况，提出了国家公园根据区域主体功能异同性，将功能区划分为禁止和限制利用 2 个功能区；吴婧洋等（2018）系统考虑了国家公园的主导功能、保护级别、社区参与程度、区域社会经济发展与利用等方面，给出了我国国家公园功能分区方案，包括原生保护区、一般保护区、科研观测区、一般游憩区和管理服务区等，并将其与我国目前现行各类自然保护地的功能分区做了比较。2018 年，国家林业局发布了《国家公园功能分区规范》，明确了国家公园功能区包括严格保护区、生态保育区、传统利用区和科教游憩区等类型。但各个国家公园在实际规划中，四分区模式并不能满足一些国家公园的定位和可持续发展需求，相关国家公园的实践和专家学者对功能分区模式也在一直探索之中。我国国家公园与其他类型自然保护地功能分区模式比较见表 1-2。

表 1-2　我国国家公园与其他类型自然保护地分区模式比较一览

自然保护地类型	功能分区模式
三江源国家公园（唐芳林等，2017b）	核心保育区、生态保育修复区、传统利用区
东北虎豹国家公园（梁兵宽等，2020）	严格保护区、生态保育区、传统利用区、科教游憩区
大熊猫国家公园（唐芳林等，2017b）	核心保护区、生态修复区、科普游憩区、传统利用区
武夷山国家公园（廖华和宁泽群，2021）	特别保护区、严格控制区、生态修复区、传统利用区
海南热带雨林国家公园（柴勇和余有勇，2022）	核心保护区、生态修复与缓冲区、旅游休闲区
祁连山国家公园（试点）（温煜华，2019）	核心保护区、一般控制区
神农架国家公园（试点）（蔡庆华等，2021）	严格保护区、生态保育区、传统利用区、游憩展示区
钱江源国家公园（试点）（崔晓伟等，2021）	核心保护区、生态保育区、传统利用区、游憩展示区
南山国家公园（试点）（唐芳林等，2017b）	严格保护区、生态保育区、传统利用区、科教游憩区
普达措国家公园（试点）（王子芝等，2021）	严格保护区、生态保育区、传统利用区、游憩展示区
北京长城国家公园	转隶
台湾国家公园（胡宏友，2001）	生态保护区、特别景观区、史迹保存区、游憩区、一般管制区
自然保护区（阙占文，2021）	核心区、缓冲区、实验区
风景名胜区（黎国强等，2018）	生态保护区、自然景观保护区、史迹保护区、风景恢复区、风景游览区和发展控制区
森林公园（黎国强等，2018）	核心景观区、一般游憩区、管理服务和生态保育区
湿地公园（刘涛和李保峰，2015）	保育区、恢复重建区、宣教展示区、合理利用区和管理服务区
地质公园（陈斌等，2019）	游客服务区、科普教育区、地质遗迹保护区、公园管理区、居民点保留区

通过自然保护地功能分区的发展路程来看，自然保护区侧重于荒野保护，并逐步将"二分法"演变为核心区、缓冲区和实验区"三分法"，甚至探索扩展为多元分区的思路；风景名胜区侧重于以自然人文景观利用为主要目标进行分区；森林公园以生态保护和风景资源合理利用为主要目标进行功能分区；湿地公园以最大限度保护湿地资源和发挥湿地价值为前提，将公园划分成不同功能区域，从而达到湿地保护恢复、合理利用、科普教育等目的；地质公园由强调地质遗迹资源保护到资源保护功能与游览功能、开发功能并重，从碎片化功能逐渐转变演进为整合主体功能。我国国家公园功能分区模式是在原自然保护区等传统自然保护地分区模式的基础上借鉴而来，并且在各功能区采取不同的经营和管理策略（叶雅慧和张婧雅，2023），以实现生物多样性保护与可持续发展的目的（Mcneely，1994）。

1.3.2 国家公园功能分区理论研究现状

由于我国国家公园建设还处于初期且未形成研究体系，第一批国家公园也仅于2021年设立，国家公园功能区划理论研究目前还较为滞后。为进一步认识当前相关领域的研究进展，准确展示相关领域的研究热点与发展趋势。本书基于中国知网（CNKI）数据库和Web of Science核心数据库，首先，以"国家公园分区"为关键词进行文献计量分析，筛选2000—2022年来自CSSCI、北大核心、CSCD等官方权威数据库发表文献，共计搜集到634篇文献（图1-11a）。其次，以"National park"与"zoning"为关键词进行文献计量分析。结果表明，2000—2022年，Web of Science核心数据库相关话题共计发文量约3601篇（图1-11b）。总体来看，自2000年以来，相关论文研究数量逐步上升，特别是在2017年国家提出建立国家公园体制等文件印发后，相关研究热度迅速上升且呈持续增温，这种趋势在未来随着以国家公园为主体的自然保护地体系逐渐成熟将更加显著。

为进一步反映相关研究话题中各个要素的关系，基于图论（graph theory）的网络科学，将上述检索到的数据库文献进行共线关系网络（Co-occurrence Network）分析（图1-12）。首先，仅从"国家公园分区"相关研究来看，区划、政策、空间、生物多样性、人口活动以及风景名胜区、森林公园等是最为关键的研究问题，为国家公园功能区划理论研究提供了参考。另外，较早的研究关注自然要素相关主题更多，而后续的研究对于政策、社会与人口更为关注，特别是关于人类社会发展与自然保护的协同发展问题。因此，在构建国家公园功能区划理论框架中，需要考虑到与国家公园功能区划和相关功能区划的关系以及生态保护空间格局等重要方面，同时也需要遵循国家《总体方案》《指导意见》等政策依据。

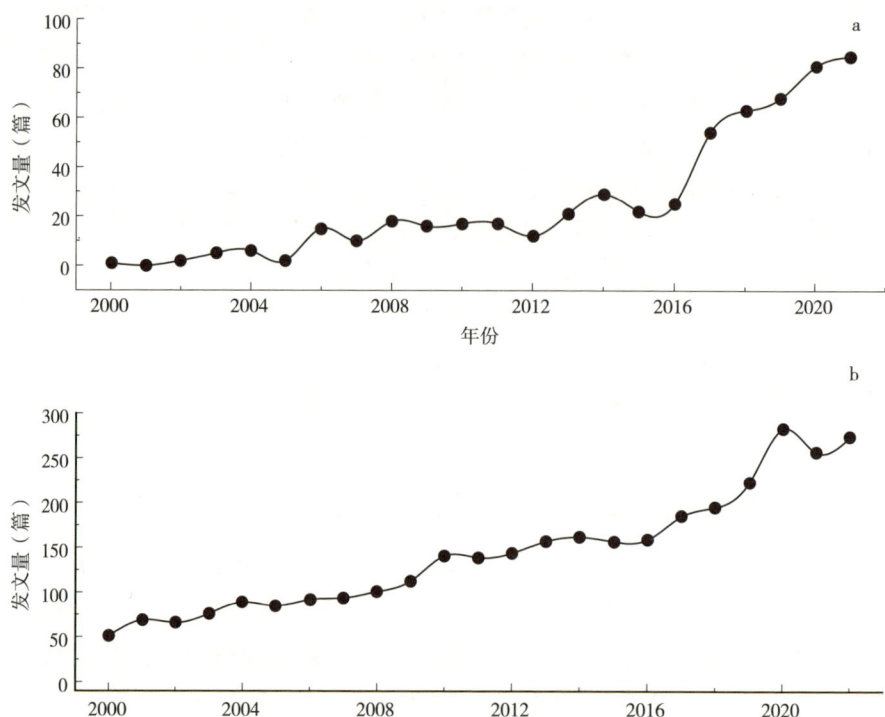

图 1-11　发文趋势（国家公园分区）

注：a. 基于中国知网数据库；b. 基于 Web of Science 核心数据库。

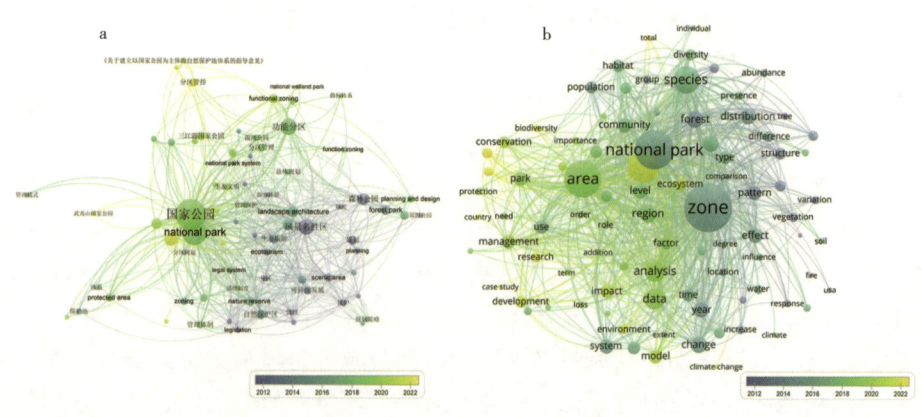

图 1-12　共线关系（国家公园分区）

注：a. 基于中国知网数据库；b. 基于 Web of Science 核心数据库。

其次，当前关于国家公园功能区划理论的相关研究较为少见。鉴于此，此处以"国家公园"与"功能分区理论"为关键词进行检索，检索规则与上述一致，

2000年至2022年在知网数据库和Web of Science核心数据库仅搜集有效文献7篇和74篇(图1-13)。总体来看，国家公园或是自然保护地的功能分区理论相关研究还处于起步阶段，前期的基础也较为薄弱，高质量的研究明显不足，难以为我国未来长远的国家公园功能区划理论体系构建提供研究基础，后续亟须加强理论与实践研究，更好地服务于国家公园建设与管理。

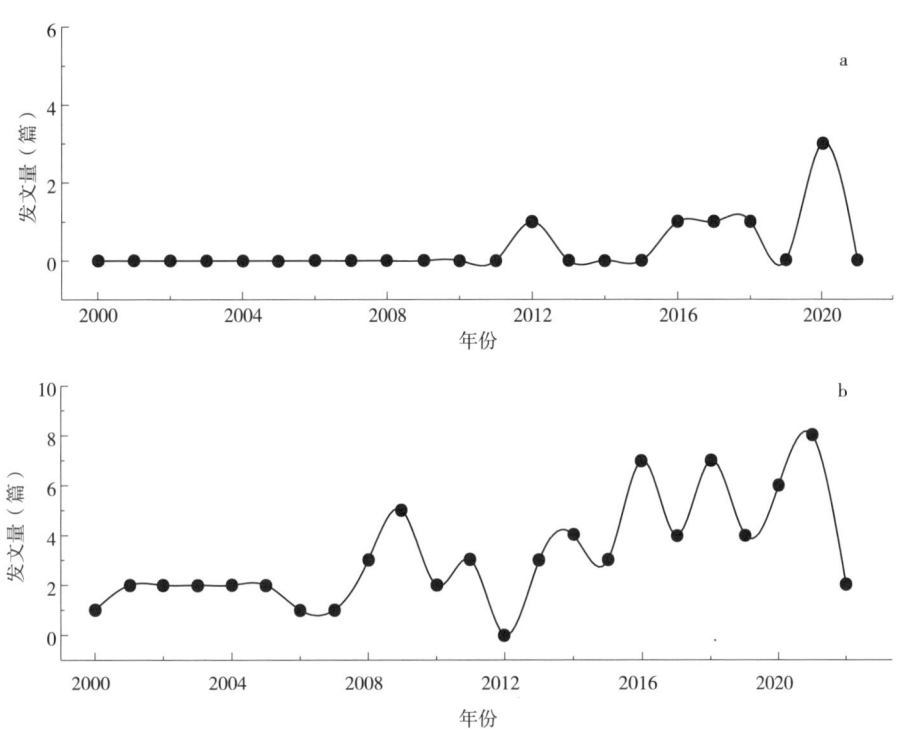

图1-13　发文趋势(国家公园+功能分区理论)

注：a. 基于中国知网数据库；b. 基于Web of Science核心数据库。

最后，从现有紧密结合国家公园和功能分区的相关文献来看，国外关于国家公园功能区划的理论研究集中在较早的游客体验与资源保护(VERP)(李洪义等，2020；王梦桥和王忠君，2021)、游憩机会谱(ROS)(Zhang and Smith，2023)、可接受的改变极限理论(LAC)(李晓莉，2010)等理论框架或方法。然而，当前我国国家公园空间分布较为分散，各个区域社会经济发展以及管理水平差异较大，特别是各个国家公园自然地理区位、主要保护对象以及人类活动都存在较大差别，国家公园功能分区理论研究过多集中于生物多样性地理分布格局、岛屿生物地理学以及保护空缺等宏观性理论(郭子良等，2018；岳邦瑞和费凡，2018)，理论和实践联系不强，滞后于国家公园分区规划和建设的实践步伐，难以指导实践过程中一些关键性或者共性问题，对于国家公园功能分区规划的理论指导效果不强。

1.3.3 国家公园功能分区方法研究进展

全球经过100多年的实践证明,功能分区是各类保护地主管部门缓解保护和发展的有效途径和规范性工具(Walther,1986;Hjortso et al.,2006;Geneletti and Duren,2008)。国家公园建立之前,相关学者逐渐通过物种分布模型(李国庆等,2013;许仲林等,2015)、景观适宜性分析(陈利顶等,2000;Hodgson et al.,2011)、栖息地分布模型(Li et al.,1999)、最小费用距离模型(李纪宏和刘雪华,2006)和模糊分类(周崇军,2006)等计算方法和模型,对各类型自然保护地功能区划分进行了研究(张林艳等,2006;曲艺等,2011;唐博雅和刘晓东,2011;陶晶等,2012)。但是,由于大多数自然保护地在创建之初资源本底调查不够完善,珍稀濒危的动植物、重要的生态系统、自然景观和遗迹等本底数据不够完备,不能完全满足功能区划的要求;再加上受限于当时分区方法与科学技术条件,不能有效地界定分区界线。甚至保护地有些区域将密集的居民生活区划入核心区和缓冲区,导致保护和利用矛盾冲突,不能很好地协调和解决保护地内复杂的人地关系。从现有国家公园功能分区技术方法来看,主要有以下两类。

1.3.3.1 基于物种多样性的国家公园功能区划方法

许多专家学者对国家公园功能区划从前沿技术方法上进行了相关研究,早些年主要集中于海洋国家公园等自然保护地(Sala et al.,2021;Edgar et al.,2014;Li et al.,2014;Agostini et al.,2015;Yates et al.,2015)。随着全球自然保护地管理和技术发展,逐渐对陆域国家公园功能分区进行相关的分析和区划。在以物种多样性为主的国家公园中,往往采用生境适宜性进行功能分区,Wang等(2023a)在不危及主要保护目标的前提下,利用MaxEnt模型模拟了主要物种栖息地分布,构建了多种濒危物种互补保护指数来优化分区划分标准,为国家公园分区提供了优化方案;Zhuang等(2021)用了5个指标来测试大熊猫国家公园的空间分异规律,包括范围内现存其他类型自然保护地的面积,以及不同保护地之间重叠的比例等,因大熊猫数量多、密度大,建议将大熊猫集中分布区域确定为核心保护区,主要用于保护以大熊猫为代表的当地生物多样性;Tang等(2021)利用MaxEnt建模预测了7种物种的分布数据,以及根据植被类型、气象因素、人为扰动、地形和水文变量,维护生态系统原真性、完整性和物种生境的连通性,提出了后河国家级自然保护区新的功能区划方案;Sala等人优先考虑了美国本土哺乳、鸟类、两栖和爬行动物等物种的保护,通过计算和绘制地图,验证了互补性的方法(加性效用函数和核心区地带性)比基于丰富度或稀有度加权丰富度的方法更能有效地保护物种,特别是对具有生物多样性较高的两栖动物,从而确定自然保护地优先保护的区域(Belote et al.,2021;Wang et al.,2021b)。近几年来也有部分研究综合运用 InVEST 模型(Aziz,2023;Sobhani et al.,2023)、Fragstats 软件(Cajica et al.,2020)和 Marxan 模型(Hu et al.,2023)对保护地内生物多样性进行评估,指导科学有效的功能区划方案(Tantipisanuh et al.,2016)。

综上,相关研究主要集中在通过构建系统指标来评价国家公园濒危物种的空间分异以及利用相关建模预测物种的空间格局(Hull et al.,2011),该方法被广泛用于以珍稀濒危野生动植物为主的国家公园功能区划定上。虽然这些研究成果为我国国家公园功能分区提供了大量参考,但整体来看,国家公园是一个复合生态系统,空间分区应由多方面因素综合决定,单一考虑旗舰物种及栖息地的保护,对于发挥国家公园功能整体效用是不够全面的。

1.3.3.2 基于多元保护目标的国家公园功能分区方法

近几年来,许多专家学者从保护目标上对国家公园功能区划进行了相关研究,Ma 等(2022)以三江源国家公园为研究对象,利用 MaxEnt 模型、InVEST 模型和 Fragstats 软件,从物种、生态系统和景观 3 个生物多样性要素,确定了物种高度适宜生境的区域、生态系统服务价值高的区域和景观价值高的区域,从而进行国家公园功能分区;付梦娣等人运用 AHP 和 Delphi 法,选择了重要物种潜在栖息地、生态压力、生态系统服务、生态敏感性 4 个一级主要类别 13 个二级评估指数,构建了三江源国家公园功能分区评价指标体系,并将三江源国家公园分为一级保护功能区 3 种和二级保护区 8 种类型,并提出相应的管控措施(Fu et al.,2019);Wang 等(2021a)基于多种遥感模型方法,对 2000~2015 年青藏高原基本生态环境指标进行量化分析,采用多准则加权平均法确定关键的生态环境指标,进而识别优先保护的自然保护地范围。Wang 等(2023b)以雅鲁藏布大峡谷国家公园为例,基于国家公园生态保护与人类活动协调冲突视角下,提出了国家公园功能区划优化的组合方法,进一步化解了国家公园生态保护与人类活动之间的矛盾。Li 等(2022)定量评估了供水、固碳、水土保持、防风固沙、水文调节和防洪 6 项重要生态系统服务功能,通过结合生物多样性和 6 种不同阈值的生态系统服务功能,进一步确定了三江源国家公园优先保护区。除此之外,也有学者认为目前中国自然保护地的管理方案是无效的,没有达到预期平衡保护和发展的目的,提出了一个系统方法,集成了将参与过程与地理信息系统以及多目标决策相结合的分析(MCDA)技术,用于国家公园功能区划(Geneletti and Duren,2008;Zhang et al.,2013);也有学者提出运用模拟退火算法将塔拉姆佩雅国家公园划分为严格的保护区和游乐区等(Sabatini et al.,2007)。

综上,虽然许多研究文章在分区的有效性上取得成功,但关于分区方法的研究还未切合实践操作需求,一些研究主要运用模型算法进行功能区划。具体来看，首先，许多国家公园分区规划较少考虑与国土空间规划的衔接，导致不同规划之间、管控政策实施之间相互冲突。其次，缺乏具体统一、不同层级的功能分区规范，各试点或已成立的国家公园缺少明确的分区方法路径。最后，关于国家公园功能分区的核心功能和核心价值如何体现在分区路径上缺乏深入探究，只是单一考以保护为目标的分区思路，不利于未来国家公园实现重要自然生态系统原真性、完整性系统保护，同时兼顾科研、教育、游憩等综合功能。

1.3.4 相关研究的述评及小结

由于国家公园功能分区本质上具有空间属性，如何实现其分区的科学化一直以来是个巨大的挑战（Burkard，1984）。已有的相关研究主要集中在 GAP（保护空缺）分析、景观适宜性分析、空间叠置、栖息地分布模型等方法应用，或是以生物多样性或生态系统服务功能等为主要保护目标的进行功能分区，抑或是依据国家公园政策、规范、标准等进行功能分区。虽然国外对国家公园功能分区研究较早，但是我国国家公园建设还处于起步阶段，其国情和理念与国外大相径庭，具有研究的空间和价值，主要表现在以下几方面。

1.3.4.1 缺乏国土空间规划视角下国家公园功能及区划理论研究与分析

从 Web of Science 和 CNKI 数据库搜集的文献可以看出，相关学者目前在我国国家公园分区方面所做的研究工作并不多，仍然聚焦在生态环境保护、湿地保护、动植物等方面，对于国家公园建设和功能区划等方面并没有得到足够的关注。2019 年，《指导意见》已明确了国家公园首要功能是对重要生态系统原真性和完整性以及多样性的系统保护，同时国家公园兼具科研、教育、游憩等综合功能，而其核心理念是"生态保护第一、国家代表性、全民公益性"。

因此，构建基于我国国家公园核心功能的功能区划理论对研究国家公园功能区划具有以下优势。首先，从我国国家公园空间功能方面来看，在国土空间规划视角下研究确立国家公园空间功能构成及内涵，构建"功能+格局"的国家公园功能区划理论框架，可以较好衔接国土空间规划体系。其次，将功能目标与管控要求相结合，可以解决不同规划之间、管控政策实施之间相互冲突问题，实现国土资源"一张图"。最后，国家公园可以通过专项分区规划或方案，实现功能区乃至管控分区的边界及保护利益规定，解决生活、生产、生态空间关系中的历史遗留问题，促进"人地和谐"可持续发展。

1.3.4.2 缺乏针对国家公园本底资源的摸底调查和数据构建

较早的国家公园等自然保护地在进行功能区划时，由于重要生态系统、野生动植物栖息地等基础数据本底不清，加之受到区划方法与技术条件的限制，大多数传统的保护区划都是基于专家经验的决策。因此，区划方法具有一定的局限性和非定量性，无法做到科学、有效分区，保护效率明显受到影响，又难以形成完整的方法论，甚至许多自然保护地，如部分自然保护区、水产种质资源保护区以及风景名胜区尚未进行功能区划，这对国家公园的建设和有效性保护是十分不利的。

因此，有必要以单体国家公园为单位，以生态保护第一为前提，通过自然地理环境调查、胁迫因素调查、社会经济状况调查以及生物多样性调查等方法，全面摸清区域内林草野动、地质地貌、国土普查、水文地理、社会经济、游憩资源等，同时调查区域内各类保护地的基本情况、重点资源、生态系统、主要保护对象和其空间分布格局以及管理情况等，为国家公园功能区划乃至总体规划、建设与管理构建本底资源数据库。

1.3.4.3 缺乏体现我国国家公园核心功能且具有普适性的分区方法

一方面，根据以往研究，国外国家公园无论是管理或是功能分区都主要考虑"保护"和"游憩"两个基本因素，以及由此发展起来的游客体验与资源保护（VERP）、游憩机会谱系（ROS）、可接受的改变极限理论（LAC）等区划理论框架或方法，基本也是基于权衡上述两个因素展开研究的。这将会导致功能分区评价指标的选择容易受到主观决策的影响，并且不同国家公园的指标选择也大同小异。而我国的国情与欧美等发达国家不同，2019年之前，没有建立起来真正意义上的国家公园体系，对国家公园的许多研究目前仍处于顶层设计与管理体制借鉴层面。因此，国外已有的分区理论或方法，显然不能在我国国家公园功能分区研究中直接套用。

另一方面，我国在以往的自然保护地分区方法研究上仍是原则性规定居多，一直采用专家决策划分法，主观随意性较大。相关标准规范缺乏具体而系统的分区方法和指标体系，操作起来比较困难，研究成果普适性不强。以往研究成果往往侧重于野生动物栖息地的覆盖范围以及单一因素的生物多样性保护，而忽略了自然保护地是存在于更广泛的复合生态系统中，社会、经济过程对其边界具有影响（Cumming et al.，2015），较少围绕核心功能同时考虑综合功能目标等多因素进行研究。

1.3.4.4 缺乏反映国家公园功能分区差别化管控措施的研究和探索

既往国家公园功能区划的相关研究大多只注重分区的模式和方法，较少关注分区后的管控行为、内容和措施的研究。虽然目前我国已经针对设立和试点的国家公园制定了差别化分区管控的要求，但由于缺乏上位法作为依据和系统的学术研究，导致分区管控的目标不够明确、内容缺乏因地制宜、管控方式流于形式以及未充分衔接生态保护红线制度等一系列问题，难以有效实现生态保护与社会经济发展的协调与统一。

考虑到国家公园的功能多样性以及不同功能分区内管控内容的差异性，制定差别化的管控措施对于未来国家公园的可持续发展具有重要意义。因此，在综合考虑国家公园功能区划及管控措施差异性的基础上，以典型代表的国家公园为例，有针对性地开展分区管控策略研究，提供具有较高可行性的分区管控策略，以及制定差异化的空间管控引导路径，为国家公园管理机构提供直观管控指南。

综上所述，建立针对我国国家公园核心功能的区划方法和与其相适应的管控方式是十分重要且迫切的研究课题。因此，以地理信息系统空间分析技术为基础，对基于空间格局分析与多因素权衡的国家公园功能区划方法进行研究，既能够真正地起到以生态保护为前提，又能实现国家公园兼具科研、教育、游憩等综合功能且符合地方实际。在高质量推进国家公园建设时期，这项研究将对国家公园重要生态系统、旗舰物种、野生植物和自然景观、遗迹等保护以及科研、教育、游憩等利用活动的健康和长久发展具有重要价值。

1.4 研究内容

1.4.1 构建国家公园功能区划理论框架

本研究系统解读了国内外自然保护地体系发展现状和国家公园功能分区模式，分析比较了各国分区模式中存在的差异和影响因素；辨析了自然保护地体系、国家公园、国家公园生态系统以及功能区划的基本概念，同时探讨了国家公园功能区划与相关空间区划的异同及其关联；在此基础上，结合我国生态文明建设、国土空间规划体系等新时代背景，提出了基于核心功能的国家公园"功能+格局"功能区划理论框架，解析了上位国土空间规划体系与下位国家公园功能区划传导指引关系，为国家公园功能分区划定提供宏观思维和理论支撑。

1.4.2 提出国家公园功能区划方法路径

依托地理信息系统所构建的空间资源本底数据库，对多元基础地理数据进行空间化处理。在此基础上，提出基于空间格局分析与多因素权衡的国家公园功能区划方法，确定功能分区划定方法基本原则和思路，构建分区指标体系和技术流程，以及具体指标定量评估模型等，采取主观赋权法与客观赋权法相结合的组合赋权法，得到各指标的权重值。同时，对生态保护重要性区域和人类活动干扰区域进行空间格局量化分析，并将其按重要性和敏感性程度划分成等级分区，证明不同分区之间的敏感性特征具有显著差异，综合评估空间分布特征。最后，引入游憩资源等级评价和空间潜力预测指标，绘制国家公园游憩资源等级和空间潜力预测分析图，将两者从多因素权衡角度综合形成分区方案，为国家公园功能分区划定提供坚实的空间技术支撑。

1.4.3 建立国家公园空间资源本底数据库

对国家公园创建区进行现地调查，收集最新国家公园相关的审核审批文件和数据资料，同时获取已有的公园创建区边界范围及其空间地理数据，借助 GIS 空间分析以及 DEM、遥感影像等数据进行区划，形成各类数据矢量化范围界线及图层数据；对气象数据、地类数据及生态系统、土壤类型、植被类型等数据进行空间预处理，将数据进行空间整合形成栅格数据，构建国家公园空间资源本底数据库。实地调查国家公园自然资源与人文资源本底，系统分析自然地理、社会经济、自然资源、珍稀濒危动植物类型与空间分布，以及范围内现存各类自然保护地类型等，为国家公园功能分区划定提供可靠的数据支撑。

1.4.4 制定国家公园功能分区空间管控策略

基于国家公园功能分区结果，明确其发展目标和分区类型。依据每类分区的生态特征，在国家公园管理层面落实管控内容和要求，分别从分区管控类型、管控目标与措施、游憩利用与生态环境容量、管控计划与准入机制四个层面进行探讨和研究。有针对性地为国家公园管理部门制定分区管控策略，提供直观的管控内容，提出差异化的引导策略，从而使基于分区方案的差别化管控措施落地实践。同时，为其他国家公园保护与利用管控提供翔实的决策支撑。

1.5 研究方法

1.5.1 文献查阅与实地调查法

本研究分析了大量国内外国家公园功能区划理论、政策和研究成果，收集了相关学术论文摘要 100 多篇、重要学术刊物论文 200 余篇、专著 20 余部及相关政策文件 40 余件。在此基础上，对这些收集的政策文件以及学术文献进行了系统地同类项与分类项的比较，对研究对象进行客观地认知，并全面、系统地了解国内外各类保护地的分区方法和管理模式，进而细致地分析了国家公园功能区划体系中存在的问题与矛盾以及发展趋势等，将此作为本研究的问题导向。

同时，为了更好地实现本研究目标和获得创建区一手基础资料，研究人员于 2020 年 9 月至 2021 年 12 月、2022 年 3 月至 9 月对创建区进行多次实地调查和考察。在调查的过程中，多次与创建区内海晏县、刚察县、共和县、天峻县政府和相关保护地管理部门及有关业内人士进行实地走访与沟通，收集到本研究所需大量静态数据和动态数据，具体包含了创建区内各类保护地管理和发展现状、存在问题以及国家公园内及周边社区经济产业等社会经济基础资料与数据；创建区内的气候、水文、地质、环境、动植物资料等自然基础资料，通过整理、归类与统计分析，为本研究提供数据支撑。

1.5.2 GIS空间分析法

GIS空间分析技术是地理信息系统的核心部分，其基本原理包括地图制图、数据存储和管理、空间查询和分析等功能。该技术提供了一个集成的平台，能够整合各种类型的地理数据，支持决策制定。因此，本研究充分利用GIS专业相关理论知识，结合GIS空间分析技术，对收集的相关数据进行了裁剪、叠置、联合、插值、统计和更新等一系列操作。同时，结合遥感影像，进行了NDVI（归一化植被指数）和重要的生态斑块等空间数据的提取。这些操作使得获取的数据结果能够在统一空间参考系统下进行栅格化分析，以揭示国家公园资源的空间特征与规律，并构建了相应的资源本底数据库。在指标评价方面，运用了叠置、密度、缓冲、热点、水文提取、模型运用和栅格计算等空间分析工具，对国家公园的生态系统服务功能、生态敏感性、人类活动强弱性以及游憩空间潜力等指标内容进行了深入分析。通过量化特征和规律的识别，可以更好地了解各个指标在空间上的分布情况和相互关系，从而为国家公园的规划与管理提供科学依据。

1.5.3 多因素评价方法

本研究以区域高质量发展理论、复合生态系统理论、人地关系地域系统、地域分异和利益相关者理论等为基础，结合国家公园功能及区划内涵、相关空间格局理论的构建与分析，提出了一套系统的国家公园功能区划技术路径。在这一路径中，涉及了自然因素与社会因素等多维指标的综合分析与评价。具体而言，采用了国家公园生态系统服务功能、生态敏感性、人类活动干扰、游憩资源等评价方法和指标体系，全面认识国家公园在不同区域的空间特征与价值。在分区路径中，综合运用了多种分析方法来揭示国家公园的空间格局和重要性程度。首先，通过指标评价，对不同指标在各个区域的表现进行了综合评估，从而量化地表现出国家公园的空间格局和资源特征。其次，运用空间主成分分析来识别不同指标之间的关联性，进一步揭示其空间分布的模式和规律。再次，采用最小累积阻力模型和热点空间分析法，来探究国家公园内部的空间关联性，以便更好地规划与管理各功能区域。层次分析和熵值法则能够帮助对不同指标的重要性进行排序，有助于在制定决策时做出科学的权衡。最后，还运用了多功能权衡决策方法，来整合各项评价结果，确保国家公园的发展和保护在各种需求之间得到平衡。

1.5.4 多学科交叉融合视角

我国国家公园处于建设初期，还在探索实践之中。国家公园功能区划本质是对地表空间的自然以及人文资源进行评估并根据相关标准划分空间单元，其区划理论、资源调查、技术流程、指标构建、评价方法、管控策略等理论和方法研究，涉及风景园林、城乡规划、生态、地理、地理信息系统、土地资源管理、旅游等多个学科的理论知识，诸多学科领域相互交叉渗透。具体而言，国家公园处于广泛的复合生态系统中，功能区划边界往往受到自然、社会、经济、政策、科技水平、利益相关者等多种因素影响。在其功能区划过程中，需要对多个专业领域的指标进行分析、评价与整合，探讨不同指标的空间特征和潜在影响因素，综合权衡识别国家公园功能区边界。针对国家公园这类涉及多学科的土地空间问题，需要多学科、多目标、多视角研究，提出综合权衡的解决方法，才有助于构建科学合理的国家公园功能分区方案及管控政策。

2 国家公园功能区划理论框架构建

2.1 概念界定与理论基础

2.1.1 概念界定

2.1.1.1 自然保护地体系

建立自然保护地体系的首要目的是增加生物多样性就地保护的有效性(朱春全,2018;Cao et al.,2022),这一目的普遍得到国际社会的认可。自然保护地的设立使地球上近15%的陆地表面和内陆水域得到保护,通常有效的分区管控会改善区域的生物多样性和生态系统服务。在全球范围内,经过上百年的发展进程,几乎各国家都根据自身国情,构建了一套各具鲜明特色的保护地体系(唐小平和栾晓峰,2017)。世界自然保护联盟(IUCN)将自然保护地定义:一个明确界定的地理空间,通过法律及其他有效方法获得承认、得到承诺和进行管理,以实现对自然及其所拥有的生态系统服务和文化价值长期保护的陆域或海域(朱春全等,2017)。IUCN认为自然保护地要取得长远成功,就要形成涵盖世界各种不同生态系统的代表性样本的保护地体系,并将自然保护地体系分为6个类别,分别为严格的自然保护地(Ⅰa)、荒野保护地(Ⅰb)、国家公园(Ⅱ)、自然历史遗迹或地貌(Ⅲ)、栖息地/物种管理区(Ⅳ)、陆地/海洋景观(Ⅴ)、自然资源可持续利用自然保护地(Ⅵ)。

美国根据联邦、州和地方三级将自然保护地体系分为国家公园、国家森林保护、国家景观保护等10大类20小类(王连勇和霍伦贺斯特·斯蒂芬,2014)。澳大利亚自然保护地体系重视保护多元化的自然和人文价值,强调保护管理效率的多样化特点,以达到资源的可持续利用(温战强等,2008)。加拿大的自然保护地涉及国家级、省/地区级、区域系统和地方级4个层次(张振威和杨锐,2013)。俄罗斯保护地体系分类较为单一,主要以特别自然保护地区为主,其中涵盖了国家级自然保护区、国家或地方自然禁猎区、国家和自然公园等保护地类别(王凤昆，2007）。法国的自然保护地体系建立了极具特色的大区自然公园制度，除此之外还建立了自然保护区、国家公园以及其他类型的自然保护地（杨辰等，2019；欧阳志云等，2020）。日本的自然保护地统称为自然公园（谷光灿和刘智，2013），在自然公园体系中分为国立公园、国定公园和都道府县立公园3类（丁红卫和李莲莲，2020）。南非的自然保护地则借鉴IUCN的分类体系，主要以Ⅳ类和Ⅵ类对应的保护地类型居多，是由于南非保护地内人类活动干扰较严重，而保护管理重点是平衡人与自然之间的和谐关系（唐芳林，2017a）。由此可见，虽然IUCN已经制定了比较完备的分类体系，但由于各国历史和国情的差异，在自然保护地体系建设中体现出了不同类型的保护对象和管理目标。

综上所述，不同国家在构建自然保护地体系上存在明显的差异性。一方面，从发展途径来看可分为3类：一是根据管理方式的不同进行分类，由于保护对象的差异，采取了不同的管理模式，这就导致了自然保护地的主管部门不尽相同；二是根据管理目标的不同进行分类，包括荒野保护、生态系统完整性和原真性保护、资源保护和可持续利用等管理成效方面的差异；三是根据管理措施的不同进行分类，包括按照管理措施的强度或方式进行分类。另一方面，从共性特征来看主要有两类：一是各国基本上根据保护管理目标和管理效能构建自然保护地体系，这是全世界的主流方式；二是国家或全球组织认证或授牌的自然保护地，如生物圈保护区、世界地质公园、自然文化遗产地、国际重要湿地等。但总体而言，基于保护管理效能建立自然保护地体系已经成为国际社会的共识（吴承照和刘广宁，2017）。

2.1.1.2 我国以国家公园为主体自然保护地体系

我国的自然保护地体系建设与欧美发达国家相比存在着较大差异，从1956年至2016年，经过60多年的发展，由单一类型的自然保护区逐渐发展为10多个保护地类型，各类型保护地已建立了较为完善的管理制度和模式（表2-1），保护了我国重要生态系统和自然资源，但尚未形成内在逻辑统一的自然保护地体系，仍然存在保护与发展不适宜等矛盾问题。为了解决全国各类自然保护地"一地多牌""互不排斥"的局面，以及部分保护地存在主要保护对象栖息地破碎化、保护管理目标同质化、空间布局和功能区划不合理等矛盾冲突尖锐问题，迫切需要对我国自然保护地进行整合优化，建立体系完整、层级分明、覆盖全面的自然保护地体系。

表2-1 我国现有自然保护地体系概况

自然保护地类型	数量（个）	功能定位	设立要求	审批机关	管理部门
国家公园（正式设立和试点）	11	生态保护第一、全民公益性、国家代表性	国家公园建立后，相同区域不再保留其他类型自然保护地，统一纳入国家公园管理	国家	国家公园管理局或省级人民政府（代管）

(续)

自然保护地类型	数量（个）	功能定位	设立要求	审批机关	管理部门
自然保护区	2760	保护代表性的自然生态系统、珍稀濒危野生动植物及其栖息地、有特殊意义的自然遗迹等区域	设立其他类型保护区域，原则上不得与自然保护区范围交叉重叠	国务院、地方政府	林业、国土、农业等按主要保护对象类型分行业部门管理
风景名胜区	1051	具有观赏、文化或者科学价值，自然景观、人文景观比较集中，环境优美，可供人们游览或者进行科学、文化活动的区域	风景名胜区建立后与其他类型自然保护地不得重叠或交叉；已设立的风景名胜区与其他类型自然保护地重叠或者交叉的，两者规划应当相协调	国务院、地方政府	住房和城乡建设
森林公园	3234	具有一定规模的森林景观优美，自然景观和人文景物集中，可供人们游览、休息或进行科学、文化、教育活动的场所	新设立的国家级森林公园范围内不得再建立其他类型自然保护地等，确有必要的，必须经过国家林业和草原局批准后方可建立	国家林业和草原局	林业
地质公园	424	地质遗迹保护	可以重叠	国土资源部	国土
湿地公园	979	湿地生态系统保护，同时可供开展宣传、教育、科研、监测等功能	新设立的国家级湿地公园不得与自然保护区、森林公园等重叠或者交叉	国家林业和草原局	林业、住房和城乡建设
水产种质资源保护区	523+	保护水产种质资源及其生存环境	没有明确要求，产卵场、索饵场、越冬场、洄游通道等主要生长繁育区域依法划出一定面积的水域滩涂和必要的土地，予以特殊保护和管理的区域	农业部和省渔业主管部门	农业
沙漠公园	103	保护荒漠生态系统和生态功能，同时可供开展科研监测、宣传教育、生态旅游等功能	没有明确规定	国家林业和草原局	林业

2019年6月，中办、国办印发了《指导意见》，意味着我国现有以自然保护区为基础的自然保护地体系，上升为以国家公园为主体的自然保护地体系(李春良，2019)。进一步确定了国家公园在我国保护地体系中的主体地位，并按生态价值和保护强弱程度，将自然保护体系划分为3个类型，依次为国家公园、自然保护区和自然公园。在同一保护地内，只保留一个自然保护地类型和一套机构，原有的森林、湿地、地质等公园类型自然保护地统一归并为自然公园。

可以看出，我国构建以国家公园为主体的新体系，旨在使区域重要自然生态系、生物多样性以及景观、遗迹获得系统性保护并得到有效改善(Miller-Rushing et al., 2017)。同时，自然保护地体系的建设也是维护国家生态安全、建设美丽中国、实现人与自然和谐共生的重要实践。

2.1.1.3 国家公园

(1) 国外国家公园

国家公园(National Park)概念起源于1832年的美国，最早因保护印第安文化而被提出，定义："为了公众利益和享用的大众公园或休闲地"(朱里莹等，2016)，标志性事件是1872年黄石国家公园的建立。根据世界保护区数据库(WDPA)，截至2015年8月国家公园理念已经发展至全球168个国家和地区(朱里莹等，2016)，并遍布在大陆和海洋区域近4000处，仅欧洲国家公园平均面积就占到了各国国土面积的3.2%(寇梦茜和吴承照，2020)(图2-1)，但并没有形成统一的定义。为了规范国家公园的概念，2016年恰逢中国自然保护区建设60周年，IUCN再版了《IUCN自然保护地管理分类应用指南》和《IUCN自然保护地治理——从理解到行动》，并明确了国家公园定义："指大面积的自然或者接近自然的区域，是为了保护大尺度的生态过程，以及相关的物种和生态系统特性。并提供了环境和文化兼容的精神享受、科研、教育、娱乐和参观的机会"(Dudley，2016)。同时，IUCN根据保护价值和保护强度等因素，将国家公园定义为Ⅱ类保护区，被世界各国广泛接受。

各国也在IUCN的基础上，根据本国的政治、经济、文化等国情对国家公园进行了定义。比如，美国的国家公园是一个专有名词，特指人们可以游憩的保护区(唐芳林，2014b)。美国国家公园尤其重视为人们提供具有风景资源原始的自然状态，将国家公园定义："国家公园是由国家政府宣布作为公共财产而划定的以保护自然、文化和民众休闲为目的的区域"(唐芳林，2010)。加拿大的自然保护地系统在国际上居于领先地位(许学工，2000)，是世界上较早建立国家公园的国家之一，在其保护地系统中国家公园数量占比很高，也是仅有一个在近北极地区保护具有典型性北方生物群落的国家，在其《国家公园修正案》中规定国家公园是"保护优美风景、自然和历史遗产及其野生动物，同时以不损害自然资源利

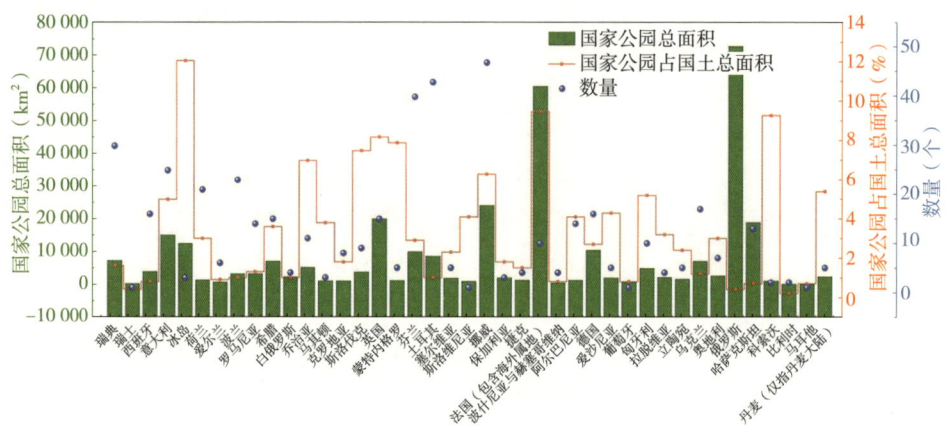

图 2-1 欧洲国家公园数量与规模

用方式和态度,为今后国民提供游憩机会的场所"(李亚萍等,2021)。日本根据 1957 年出台的《自然公园法》,将国家公园分为国立公园(国家公园)与国定公园(准国家公园),2021 年修改通过了新的《自然公园法》,增加了都道府县立自然公园(张玉钧,2018)。其中,国立公园是指"能够代表日本自然风景的区域,为保护自然风景而对人的开发行为进行限制,同时为了人们便于游赏风景、接触自然而提供必要信息和利用设施的区域,由国家直接管理,通过'自然环境保全审议会'(由地理、环境、历史等专家构成)提出意见,最终由环境大臣指定"(马盟雨和李雄,2015)。国立公园一旦被指定,又被分为普通地域、特别地域和特别保护地区 3 种类型(章俊华和白林,2002)。

由此可见,虽然各国对国家公园定义在土地权属、管理体制等方面有差异,对保护和利用的程度也各不相同,但在保护内容、保护目标和发展方向上大致相同,都强调大面积的自然区域具有保护自然环境和保存物种遗传基因的用途功能,为国民提供休闲游憩,平衡各利益相关者,以及促进科学研究和自然教育等。

(2)我国国家公园

我国自然保护地建设事业是在新中国成立之初对自然资源保护管理的迫切需要的大背景下发展起来的,参照和延续了苏联的自然保护地模式(耿松涛等,2021)。"国家公园"的概念是随着自然保护区、风景名胜区、文物保护单位在我国兴起、演变和发展起来的,其体制建设是在由各类自然保护地分类交错、空间重叠、管理分散等带来的保护地生态空间格局破碎化与管理体系分散化的现实问题上提出的。20 世纪 80 年代,我国借鉴 IUCN 定义的国家公园理念,设立了风景名胜区,但风景名胜区并不是真正意义上的国家公园。1984 年,第一个以国家公园命名的自然保护地"垦丁国家公园"首先在中国台湾建立。2006年到2008年，我国相继建立了普达措国家公园试点和汤旺河国家公园试点，但在其概念定义、体制机制等方面都处于探索之中。2017年9月，《总体方案》指出："国家公园是指由国家批准设立并主导管理，边界清晰，以保护具有国家代表性的大面积自然生态系统为主要目的，实现自然资源科学保护和合理利用的特定陆地或海洋区域。"2019年6月，《指导意见》强调国家公园是具有国家象征和享有最严格保护的自然保护地类型，是指以保护具有国家代表性的自然生态系统为主要目的，实现自然资源科学保护和合理利用的特定陆域或海域，是我国自然生态系统中最重要、自然景观最独特、自然遗产最精华、生物多样性最富集的地域，保护范围大，生态过程完整，具有全球价值、国家象征，国民认同度高（李春良，2019）。可以看出，国家公园概念源于自然保护区、风景名胜区的实践，是由地方实践定义逐渐演进为国家政策定义。

经过百余年的发展，当前全球国家公园数量已达上万个（高吉喜等，2019）。但各国国家公园发展理念不尽相同。在全球范围内，关于国家公园概念并没有严格统一的定义，但有着共同内涵：一是自然和人文资源价值高、生物多样性富集的保护区域；二是需要兼具保护和利用功能，为公众提供游憩等服务；三是国家主导管理。或者说，虽然不同国家对国家公园定义有所不同，但都达成共识：国家公园是国家和民族骄傲的象征，是为子孙后代保存的原始野性大自然主要途径（梁兵宽等，2020）。"国家公园"概念已经从单一的空间概念演变为一套趋于完整的理念体系，日趋成为一种管理制度模式。从学科角度来看，国家公园的定义日益趋向于以生态学为主，同时涵盖林学、管理学、旅游学等多学科交叉研究范畴。

2.1.1.4 国家公园生态系统

"生态"一词来源于希腊词"Oikos"，意为生物的"住所"（郭泺等，2009）。生态系统是指由生物群落与非生物环境在一定的空间范围内相互作用并共同构成具有一定功能的统一整体（蔡晓明和蔡博峰，2012）。我国家公园生态系统是具有国家代表性、全民公益性资源特征和发展潜力的大区域复合生态系统。国家公园兼具自然要素和人类要素，保护自然生态系统和自然资源是公园的基础，而人类要素及其活动，以及具有全球或全国意义的自然景观、文化遗产资源在公园内也占有重要地位。因此，国家公园生态系统是动态功能系统，不仅包括生物要素及非生物要素等自然环境，还包括人类要素及其活动。国家公园生态系统是自然生态系统与人类社会经济系统相互作用、相互依存、共同构成的具有特定结构和功能的复合生态系统（陈向红和方海川，2003；陶聪，2019），它既有自然生态系统的属性，又包含社会经济系统的属性（图2-2）。

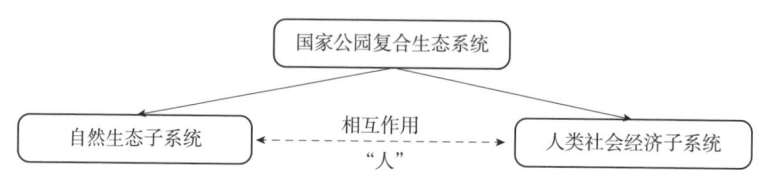

图 2-2　国家公园复合生态系统基本结构

根据IUCN的定义，国家公园生态系统完整性是指"维持生态系统的多样性和质量，加强它们适应于变化并供给未来需求的能力"（Leopold，1949）。相对于完整性来说，关于生态系统原真性的学术和实践讨论远没有那么深入。在我国《国家公园设立规范》（GB/T 39737—2021）中，生态系统原真性是指"生态系统与生态过程大部分保持自然特征和自然演替状态，自然力在生态系统和生态过程中居于支配地位"，主要通过规定自然区域的面积占比、人类生产生活区域的面积占比、人类居住区域的面积占比等指标来衡量和界定。

2.1.1.5　空间功能区划

（1）区划与功能区划

区划是人类认识自然和表现自然的过程，是揭示某种现象在区域内的共同性和区域之间的差异性的手段，也是一项"整合"性的研究和实践工作。根据区域差异性进行区域的划分，被称为区划（郑度，2012），简言之，就是"分区划片"（朱传耿和马晓冬，2007；陶岸君，2018）。任何区划一定有边界，没有边界不成区。边界的本质是解决"争议地区"的归属问题，是在模糊的渐变客观中寻找变率最大的空间，可能是一条线，也可能是一条过渡带（刘燕华等，2005）。随着人类不断重视生态环境保护，区划目标逐步由认知自然环境转向引导人类活动的空间布局。区划方法也随之由一般定量向综合集成转变，而区划界线确定一直是区划研究的难点（陈诚，2014）。

功能区划就是将有具体用途的土地分配给土地单元，对土地单元的属性进行评价，明确其在空间上的具体空间分布，确定其在哪些空间单元上执行严格保护，在哪些空间单元上实施限制或加强某些活动（Geneletti and Duren，2008）。从空间格局是作为客观物质在空间上的结构或集聚形态这个角度来讲，国家公园功能分区实质是根据不同管理目标进行的空间格局边界确定（何思源等，2019a）。无论是国家公园，还是其他类型的自然保护地，功能区划都是规划与管理中最相关的过程，也是保护地体系优化的重要方面。国家公园功能区划，也被称为"功能分区"或"分区规划"（王梦君等，2017）。

（2）主体功能区划

主体功能区在我国是一个国土空间规划概念，也是中国特色生态文明建设具有创新性的战略和制度(樊杰和赵艳楠,2021)。在国家层面上将国土空间按开发方式划分为优化、重点、限制、禁止开发4类主体功能区域(图2-3),其主体功能即指在一定国土空间所具备的各种功能中,居主要地位、发挥主要作用的功能。在一个主体功能区域内,涵盖了多种功能,如主导、首要、次要、辅助功能等。主体功能区是集地域空间、职能空间以及政策空间于一体的复合型功能单元(李宪坡和袁开国,2007;刘冬等,2021)。仅就国家公园所属的国土空间规划中禁止开发区域而言,主体功能是生态功能,其主导生态功能是在生态功能重要性评价的基础上,通过一定技术方法进行识别和反映区域生态功能主要因素的生态功能。禁止开发区域是在国土空间开发中完全禁止工业化、城镇化开发的重点生态功能区(闫颜等,2021),其功能定位是:保护自然文化遗产的重要区域,有代表性的自然生态系统保护区、珍稀濒危野生动植物物种的天然集中分布地,有特殊价值的自然遗迹所在地和文化遗址(杨伟民,2008)。

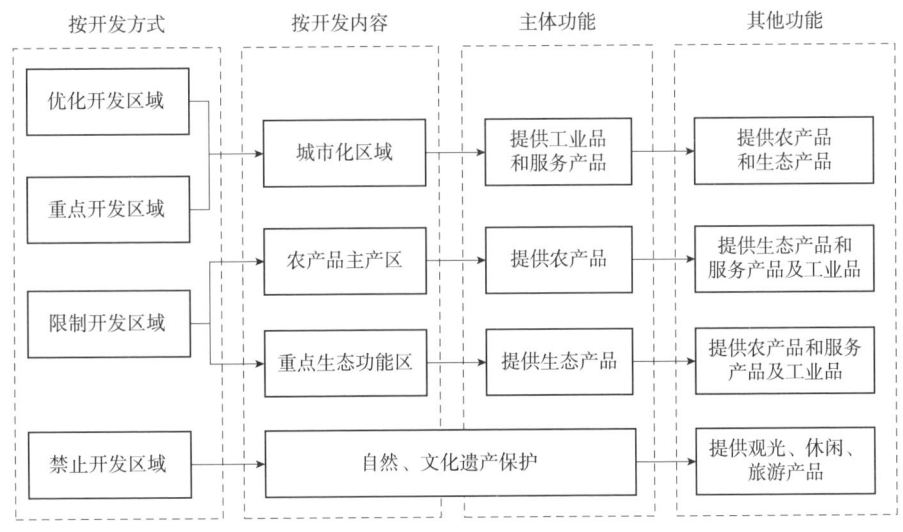

图 2-3 主体功能区分类及其功能(樊杰,2013)

从主体功能区划与国家公园功能区划两者关联来看,主体功能区划重在表明该区域发展中承担的主导功能,并以此确定开发和保护边界;国家公园功能区划则重在统筹兼顾空间单元管理分工和界线确定。在我国国土空间开发保护格局中,国家公园是一种新型的地域功能类型(樊杰等,2019),属于全国主体功能区规划中的禁止开发区域,纳入生态保护红线管控。因而,国家公园功能区划实质上是一种区域性空间功能区划,也就是说是基于主体功能区战略和制度下一种典型的复合功能空间分区规划。国家公园功能区划不仅是在禁止开发区域进行的以国家公园功能为主体功能的区域空间功能区划,而且还是重要自然生态系统、自然景观、自然遗迹、珍稀物种的保护价值与生态功能在禁止开发区域的空间细化或细分。因此，虽然主体功能区划是一种政策性分区（汪劲柏和赵民，2008），其本质属于类型区划范畴，并不是严格意义上的功能区划，但"主体功能"决定了区域的空间属性，"主体功能"思维对国家公园主体功能内涵理解，特别是功能区类型的空间划分及其职能搭配协作具有重要导向指引作用。

(3) 生态功能区划

生态功能是评估生态空间的重要基础，是指生态域基于其生态结构内部特征，在各种生态过程中为人类提供服务和产品的能力（高吉喜等，2020；郑度，2012）。生态系统功能是生态系统本身所具备的一种属性，它独立于人类而存在（冯剑丰等，2009）。随着学术界对生态系统的结构、功能及其生态演替的深入研究，生态系统服务功能的概念逐渐被应用（冯剑丰等，2009）。生态系统服务功能分为生态调节功能、产品提供功能、人居保障功能3类功能，其中，生态调节功能主要包括气候调节、防风固沙、水土保持、水源涵养、洪水调蓄、生物多样化等维持生态平衡、保障生态安全等方面的功能。综合评估和识别生态系统服务功能的重要性，有利于合理确定生态系统服务功能重要性空间分布和进行区划。国家公园之于国内是保护国家生态格局和重要生态系统的生态功能区（陈曦，2020）。

生态功能区划是国家层面推行和应用的一种生态区划，是指根据区域生态系统格局、生态环境敏感性与生态系统服务功能空间分异规律，对不同生态功能的区域进行区划（陈曦，2020）。一方面，生态功能区划分基于主导功能进行，兼顾辅助功能，主要强调生态系统提供服务和受到胁迫的程度，侧重于生态功能类型、重要性、敏感性等方面（孙然好等，2018）。另一方面，生态功能区划是生态环境保护与生态建设方面重要的基础性工作，其基础作用是促进区域生态恢复，本质是生态系统服务功能区划，核心是从根本上处理好环境保护和经济发展间的关系（傅伯杰等，2001；张惠远等，2009）。

从生态功能区划与国家公园功能区划两者关联来看，国家公园作为国家主导、严格保护、资源荟萃的大面积生态空间，是为全民提供重要的生态系统服务或生态产品，为生态、经济、社会可持续发展提供重要支撑作用的空间载体，强调生态系统的原真性。生态功能区划基本上是保持生态功能的可持续性，而不是维持自然生态系统的原真性。国家公园功能区划不全然是所在地域空间的生态功能区划，而是国家公园内生态格局的结构特征及分布梯度层次、分布形态等要素的整合、升级和优化，是采取一定的技术方法，把国家公园多功能性及管理可行性等要素在空间上耦合匹配起来，按照生态格局特征、保护强度高低与管控目标差异而划片分区。国家公园功能区划相比生态功能区划更具有空间性、协调性、调控性。

2.1.2 理论基础

2.1.2.1 区域高质量发展理念

高质量发展是党的十九大基于国情提出的社会经济发展新方向，其本质内涵是以满足人民日益增长的美好生活需要为导向的高效率、公平和绿色可持续的发展（张军扩等，2019；张朝枝和杨继荣，2022）。高质量发展是"创新、协调、绿色、开发、共享"五大发展理念的延续和升华（徐翔和王超超，2019），不仅体现在经济领域，而且体现在生态、社会、政治和文化等更广泛的领域。其关键点是实现资源更有效配置，核心是以人为本。而区域高质量发展可以被视为区域发展的一种高级状态（孙久文和苏玺鉴，2020），国家公园则是以生态保护为第一位，且恢宏、壮美的国土空间规划，强调生态优先、绿色发展。

国家公园高质量发展的方向和方法，不同于产业行业、微观主体的高质量发展，也不同于一般性区域高质量发展，而是生态"富足"但经济欠发达区域国土空间的高质量发展。其发展特征在于生态功能提升、生态系统健康、生态服务持续、生态居民幸福、生态访客满意、生态价值共享。换言之，国家公园高质量发展是以生态保护为约束的绿色发展，而绿色发展是高质量发展的核心维度。国家公园建设是保护性绿色发展模式（吴承照，2018），也是区域绿色发展的新平台（苏红巧和苏杨，2018），应该成为大尺度区域绿色发展的范型。国家公园生态系统服务为其提供了绿色发展的基础保障，生态产品为其提供了绿色产业发展的基础，国家公园生态资源得到全面保护，周边社区也得益于国家公园生态系统服务，从而形成超越国家公园边界共生共益的发展空间格局。绿色发展与生态保护、人地协调是研究国家公园空间高质量发展的基本命题。

2.1.2.2 复合生态系统理论

复合生态系统理论是以人为中心的社会、经济、自然系统在特定范围内相互作用而形成的复合系统（郝欣和秦书生，2003），是人与自然和谐共生的一种形态。在国际上，复合生态系统一般分为自然与非自然两方面，其一般定义为"人类与自然耦合系统"（Coupled human and natural system）（Basset，2007）。自然系统是由水、空气、生态、土壤及其他因素等相互作用形成的人类繁衍生息的空间环境；社会系统是由人类生活条件、社会制度与文化理念组成的；经济系统是指人类为自身生存而积极地从事生活生产、流通、消费和调节分配等活动（蒋高明，2018）。复合生态系统不同于一般生态系统的自组织结构，主要因为人类不同于一般的生物，是复合生态系统的核心和主导者。人类活动既可能促进系统物质、能量、信息的循环流通，也可能破坏系统健康。复合生态系统主要是通过结构整合和功能整合，协调社会、经济、自然系统及其内部相互作用和耦合关联，实现其相互融合。

国家公园是典型的区域复合生态系统，是由自然生态系统和人类社会经济系统共同组成的区域空间。在国家公园功能区划中，要充分考虑不同生态系统带来的空间特征，各个生态指标选择比例适当、层次清晰、切合实际、结构合理，则能提高区域生态功能，改善国家公园生态环境；相反，若只考虑单一的生态要素或丢失一些要素，则可能导致区域某些生态系统功能减弱，致使国家公园生态系统退化。

2.1.2.3 人地关系地域系统理论

人地关系地域系统理论是将人地关系理论采用地理学等思想加以发展和提升。人地关系地域系统理论研究的主要内容就是人与自然的相互影响与反馈作用，核心目标是协调人地关系(吴传钧，1991)。地球表层一个特定区域的功能特征和时空变化，是由自然界与人类活动相互作用、相互关联综合而成。正是因为"人与地"之间相互作用呈现出综合性的基本属性，构成了地理格局和过程最基本的关系(樊杰，2004)。这种关系由于功能特征与时空变化规律，呈现出不同空间内具有明显的差异性特征(郑度，1998)。这种关系不仅受到大尺度地域系统的影响，还受到经济社会和自然生态系统的直接影响。更为重要的是，人地关系因区域的依赖性、时空尺度转换而构成了一个完整的地域系统，这就是人地关系地域系统(樊杰，2008)(图2-4)。

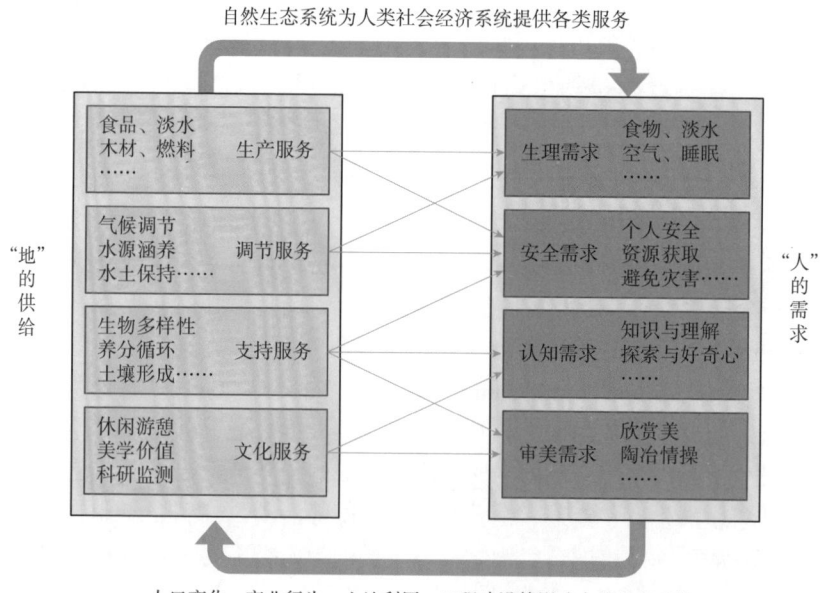

图2-4 国家公园人地关系概念认知示意图

可以看出，人地关系地域系统精髓在于系统结构性、区域功能性、时空和空间变异规律以及差异性和可调控性。研究人地关系地域系统的基本方法是：分类、区划、定量分析、建立模型和评价等（陆大道和樊杰，2009）。人地关系协调是国家公园规划体系中主要的矛盾，它直接影响着国家公园的生存与发展。国家公园功能区划实质上是人地关系耦合、协调的过程。"生态优先"与"以人为本"关系是国家公园空间规划体系中最基本的人地关系。除此之外，国家公园空间资源的永续保护和利用还应该考虑"地—地""人—人"等多对关系。

2.1.2.4 地域分异理论

地域分异（rule of territorial differentiation）是指地球表层自然环境各组成成分及其构成的自然综合体在空间分布上的变化规律，即在空间上的某个方向保持特征的相对一致性，而在另一方向表现出明显的差异和有规律的变化（李双成，2014）。地域分异是自然客观存在的规律，具有不同等级和空间的范围。空间上的地域分异规律主要包括两种类型，一是纬度地带性规律，二是经度地带性规律，两者都是指地球表层的自然地理要素沿着地球表面某一特定的方位空间分异或分布的规律性现象。等级和规模上地域分异规律主要包括4种类型，即全球性规模的地域分异、大陆和大洋区域规模的分异、区域性规模的地域分异、地方性的分异规律。在不同尺度地域分异中，区域性和地方性的地域分异是国家公园尺度常见的分异现象，主要表现为地貌分异、植被分异、土地类型等分异规律（师江澜，2007）。

地域分异规律是自然客观存在的规律，是认识自然地理环境和社会经济特征的重要途径，是进行自然区划和土地利用功能分区的基础（刘世斌，2014）。地域分异理论已经不再是地理学界的单一概念，它既包括了地球表面生态系统的自然演替，还包括了经济、社会、生态环境等人类活动因素。根据地域分异理论，国家公园生态系统具有明显的地域差异性，同时每一个地方的社会经济发展程度也存在不同（师江澜，2007）。国家公园功能区划是地形地貌、气候气象、植被变化、动物栖息地及资源环境禀赋等方面相同或相似单元的组合。鉴于此，充分考虑国家公园生态系统和资源环境的特点，识别各区域存在的空间资源特征，对于研究国家公园合理利用自然资源与空间布局、区划具有指导作用。

2.1.2.5 利益相关者理论

利益相关者理论产生于20世纪60年代，随后在欧美等国家奉行"股东至上"公司治理实践的质疑中逐步发展起来（李正欢和郑向敏，2006；王芳和姚崇怀，2014）。利益相关者理论认为任何公司的存在和发展都离不开政治、经济、社会以及非人类因素的投入和参与（Sautter and Leisen，1999；贾生华和陈宏辉，2002）。企业的利益相关者主要涉及政府部门、公益团体、当地社区与居民、媒体、环境保护主义组织等，同时也包括自然环境、传统文化与非物质文化等受到直接或间接影响的客体。

利益相关者理论最基础的问题是如何界定利益相关者。国家公园的利益相关者是指在国家公园内直接或间接参与自然保护与利用活动,其行为影响国家公园保护的利益或其利益受到国家公园保护利用影响的所有个体或群体(刘伟玮等,2019)。利益相关者主要包括国家公园管理机构、地方政府、社区居民、特许经营者、访客5个主要利益主体,国家公园利益相关者主要是协调好园区内原住民生活、生产与国家公园管理、发展的关系(图2-5)。从这个意义上讲,国家公园的建设和发展依赖于协调好各方利益相关者的需求,而不是仅仅取决于政府。因此,在国家公园功能区划研究中,引入利益相关者理论是源于国家公园作为我国新设保护地类型,其涉及多方利益诉求者,只有充分顾及各利益相关方的生存和发展需求,保护和发展的平衡问题才能得到有效解决。

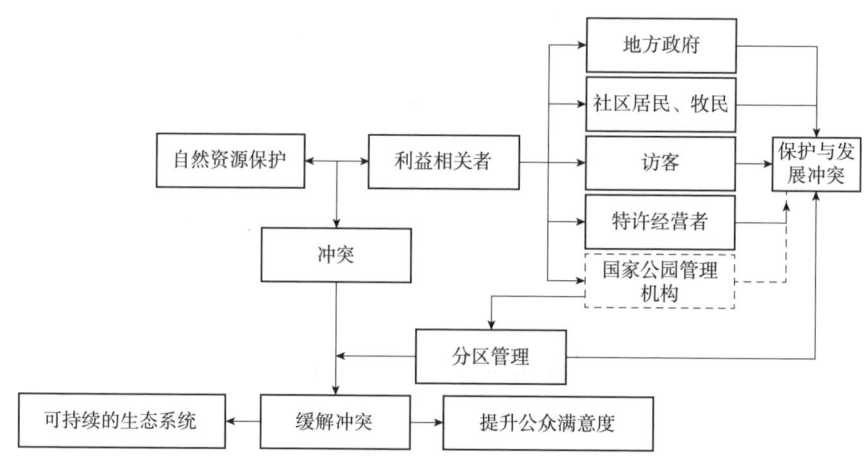

图 2-5　国家公园利益主体、冲突及分区管控相互关系

2.2　国家公园功能及其区划理论框架

2.2.1　国家公园功能区划与主体功能区划、生态功能区划的异同探讨

2.2.1.1　区划理念与功能

第一,从理念视角分析,国家公园功能区划与主体功能区划、生态功能区划都含有生态文明建设、生态环境保护的价值理念。国家公园特有的理念是生态保护第一、国家代表性、全民共益性;"保护第一"并不是"保护唯一",生态保护是首要目标而不是唯一目标,这是与其余二者理念的根本区别。

第二，从功能属性视角分析，主体功能区划将特征与功能相结合，同时将生态环境保护与经济社会发展相协调，是一种综合性区划，重点在于宏观政策引导；生态功能区划是基于生态系统的属性进行功能划分，主要是功能性分区；相比国家公园功能区划而言，生态功能区划强调生态系统自身健康，较少考虑人文和社会因素。国家公园功能区划是基于国家公园自然保护的本质，并强调自然价值和人文价值的相互协调，其中保护价值和生态功能聚集的复合功能是国家公园空间的主体功能。

第三，从功能作用视角分析，主体功能区划着重从"合理开发"角度对不同区域进行优化；生态功能区划是以"生态环境保护"为主要功能导向的区划，其基础作用是促进区域生态恢复，生态功能区划是资源生态认识区划，是基于生态特征、类型、格局、服务的区划。国家公园功能区划是生态保护与开发利用相协调的复合性区划，其核心是协调自然价值与人文价值、资源保护与合理利用、利益相关主体之间在空间上的关系。

2.2.1.2 区划目标与空间

第一，从区划的目标视角分析，国家公园功能区划与主体功能区划、生态功能区划都蕴含人与自然和谐共生的目标。主体功能区划的目标是发挥区域主体功能价值的最大化和可持续性。生态功能区划的目标在于界定各空间的主要生态保护目标和生态系统的主导服务功能，并以空间结构完整和功能健康为目的。国家公园功能分区的目标是为重要生态系统原真性和完整性得到有效保护，为国家公园总体规划和科学管理提供依据；其管理目标是塑造国家形象、体现全民公益、承担代际责任、服务全球生态。

第二，从区划的目的视角分析，主体功能区划主要目的是明确区域的功能及功能顺序，为区域发展方向、政策落实和区域治理等方面的决策提供重要依据。生态功能区划的目的是让生态系统更好地为人类服务，促进自然生态系统良性循环，改善区域生态环境质量。国家公园功能区划的主要目的是对重要自然生态系统、物种、景观的严格保护，保障生态安全，综合识别人文与自然、保护与利用、当下与未来以及科技与乡土需要提升及完善的管理措施。国家公园功能区划重视全球价值、国家象征、国民认同度高等方面的目标导向，使空间布局更合理、空间结构更有序，激发各类要素合理流动和高效集聚的内生动力。

第三，从区划的空间视角分析，一方面国家公园功能区划与主体功能区划、生态功能区划同属空间治理手段，都是强化空间管制的方式，也是针对国土空间管理的策略，是人与自然关系实践管理研究的不同侧面或角度。3种区划均注重区划结果与政策、管控相结合，注重积极地应对政策所产生的时空效应，其目的均在于调节空间资源使用的行为，避免地球表层自然资源的不当消耗。从上述目的来看，3种区划具有内在的一致性。另一方面3种区划的差异性表现在空间上，国家公园功能区划是在符合国家公园设立条件的国土空间区域进行，不受行政区划限制；主体功能区划、生态功能区划虽然有一定程度的跨行政区特点，但还是侧重以行政单元为边界。

2.2.1.3 区划评价与内容

从评价内容视角分析，主体功能区划的评价内容包括区域的自然属性、经济属性和社会文化属性，重点对该区域资源环境承载能力、已有开发强度和未来发展潜力3个方面进行评价。生态功能区划的评价侧重于生态系统功能性，评价主要内容是区域的自然属性；评价指标因素包括生态环境现状、生态系统服务功能重要性、生态环境敏感性3大类（张媛等，2009）。国家公园功能区划评价内容主要是基于生态环境属性与社会人文属性，评价指标因素包括国家公园设立准入条件，即生态重要性、国家代表性和管理可行性3大类。

基于上述科学认知，主体功能区划、生态功能区划以及相关的环境功能区划、传统自然保护区区划等已积累了较为完善的理论和丰富的实践经验。因此，科学有效的国家公园功能区划须撷取主体功能区划的"主体功能"思维和生态功能区划的技术方法，在实施功能区划的前期要充分吸纳、借鉴、运用上述相关空间区划的基本理论方法和技术路径，将同一空间地域的方法技术、项目成果等共享共用，建立包括地理信息在内的数据资料分享机制，建立成果冲突协调机制，加强与所在区域相关空间规划的衔接，以期达到空间功能上相互协调、规划设计上相互统一、资源保护上利用效率高的国家公园功能区划。

2.2.2 国家公园功能的概念解构与3个维度

国家公园是典型的复合功能空间，是自然价值与人文价值相互统一的载体（樊杰等，2019；陈曦，2020）。其保护价值和生态功能共同形成了国家公园空间的主体功能，并在以国家公园为主体的自然保护地体系中处于主体地位（李春良，2019）。这一点与美国国家公园强调"保护+游憩"理念略有差异。国家公园功能的具体表现为资源评价及核心资源确定的价值取向，包括保护价值、科学价值、教育价值、游憩价值等。在国家公园功能类型细分中，考虑自然生态功能独立于人类而存在，仅以生态系统的原真性与完整性来要求或衡量国家公园的保护管理，显得捉襟见肘（赵智聪和杨锐，2021）。

人类活动的区域空间同时发挥着社会功能、经济功能、生态环境功能（谢高地等，2009），区域空间的多功能性可以从不同角度加以划分。从空间功能区划视角来看，可将国家公园主要功能划分为保护功能、生态功能、社会功能3个维度，三维一体（图2-6），涵盖了保护、生态、文化、科研、教育、游憩、社区等功能。保护功能本质上是指促使增强国家公园生态系统健康、改善生态环境质量、维护独特景观等产生的效能和作用，以使得国家公园的主要保护对象得以有效保护。国家公园的保护功能不仅包括自然生态系统保护功能，还包括地域历史文化保护功能，其中，自然生态系统保护功能主要表现为自然生态系统的原真性、完整性保护；文化保护功能主要表现为人文景观、文物、遗迹、地域文化、优秀传统文化、旗舰物种本身衍生文化（不限于栖息地）等方面的保护，这些保护含有非生物成分、非生态价值的保护。可以看出，国家公园保护功能的内生动力来源于自然生态系统与人文社会系统。生态功能是指生态系统为人类直接或间接提供福祉的能力，主要包括国家公园能够提供的生态产品和生态系统服务两项功能，其主要作用体现在生态调节，包括水源涵养、土壤保持、气候调节、保持生物多样性、防风固沙等维持生态平衡、保障生态安全等方面（何思源等，2017）；国家公园生态功能的内生动力主要来源于土地生态功能和景观生态功能

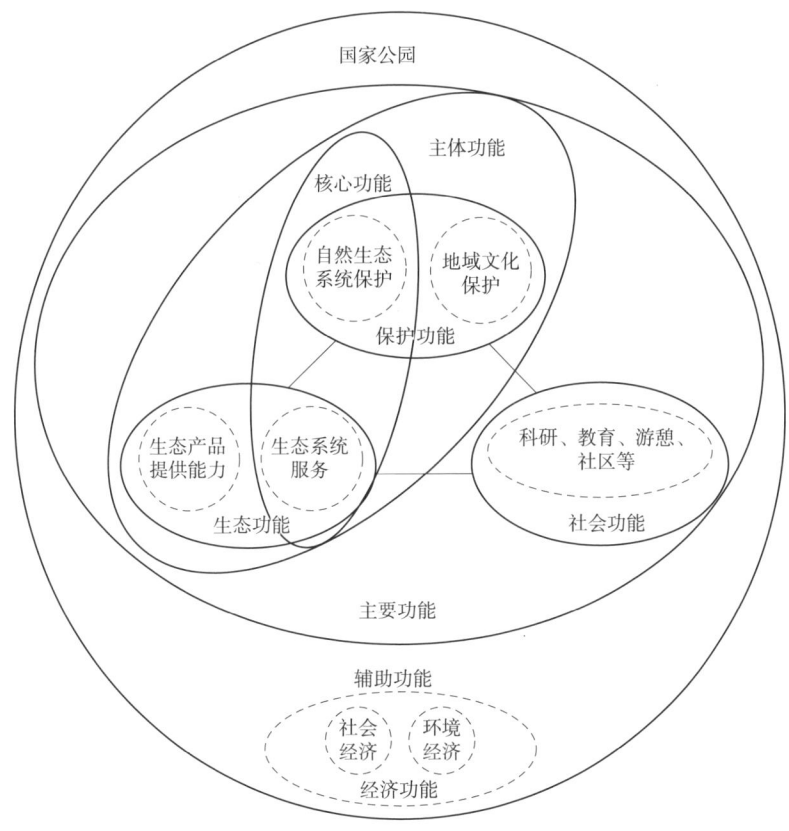

图 2-6 国家公园空间功能结构认知模型

的融合。生态功能依赖于生物种类、数量、空间分布特征等因素形成的特殊结构，自然生态系统原真性、完整性、稳定性是发挥国家公园生态功能作用的源泉。生态功能状态既体现了国家公园生态保护重要性的程度，也是体现国家代表性、全民公益性国家公园理念的自然基因。国家公园的社会功能主要是指国家公园在改善和保障人类物质文化、精神生活等方面所发挥的作用，包括科研、教育、游憩、社区和国家意识培养等功能，社会功能发挥是国家公园全民公益性的主要体现。除上述三维主要功能之外，国家公园作为区域空间，其功能还应具有由社会经济和环境经济等组成的经济功能，在国家公园理论认知上，不强调经济功能，但绝不意味着经济功能可以被忽略或无视，国家公园功能在总体上经济效益必须服从于资源保护，经济功能辅助保护功能、生态功能、社会功能。

对于三维主要功能关系而言，保护功能因附着于生态功能或社会功能，才能使国家公园的价值和意义得以显现；生态功能是基础，独立于保护功能、社会功能而存在，也不依赖于评价主体而存在，是保护功能、社会功能赖以存在的基础和实现的前提条件，但保护功能、社会功能的状态又影响着生态功能的发挥；社会功能叠加于生态功能之上，因依附保护功能和生态功能而显示国家公园公益性价值。保护功能、生态功能、社会功能都不能独立地视为国家公园功能，国家公园功能也并非这些功能的简单加总；这些功能既相互区别，发挥不同作用，又并非孤立，而是以不同的系统结构或功能属性特征聚合于国家公园空间载体上。我国国家公园始终强调自然生态系统的原真性和完整性系统保护，而保护功能和生态功能结合促进国家公园生态系统健康、稳定和可持续性，保护、生态、社会三维功能的结合促进国家公园功能整体作用的发挥。

在国家公园空间维度上，保护、生态、社会三维功能是内容，功能片区是结构和形式，结构一旦构建起来(即功能片区划定)，就要保持相对稳定不变，而功能则日益丰富、不断更新；随着功能不断地丰富、更新、变化又推动结构演变，达到各种功能相互平衡的阈值，这时就要考虑功能区划的修订和调整。因此，国家公园不存在永恒不变的功能区，也没有孤立的功能区，任何功能区都处于所在区域的环境变化之中，受到资源环境和人类活动的影响和制约。国家公园三维主要功能尤其是社会功能、保护功能受当地人口、政策、经济发展水平的制约，地域文化、科技水平以及传统民俗等都是分析国家公园功能内涵及三维功能相互关系需要考虑的因素。国家公园功能的内涵及体系丰富而复杂，具有复合性、动态性、区域性和开放性，而国家公园核心的功能是具有保护价值的生态功能，即自然生态系统保护功能和生态系统服务功能。保护价值和生态功能在国家公园功能范畴中处于主体地位，国家公园主体功能状态可以反映国家公园空间资源质量，是国家公园高质量发展的基石。

2.2.3 国家公园功能区划的功能分析及特征

国家公园是生态系统最重要、生物多样性最富集、自然景观最独特和自然遗产最精华的自然资源聚集地，既承载着人类"人与自然关系"的理念变迁，又嵌入本土思想文化传统。目前，相关研究侧重于国家公园内涵、特征（唐芳林，2014a，2019；唐芳林等，2018；黄国勤，2021；赵智聪和杨锐，2021；蒋亚芳等，2021），但具体到国家公园的功能区划内涵、特征及其作用的研究较为少见。对国家公园功能区划的功能特征分析对研究国家公园功能内涵极为重要，从区划方法定位视角分析，国家公园功能区划的功能是区划的过程和目的的统一，具有协调性、连通性、调控性3个特征。

第一，协调性主要体现在景观尺度上自然生态系统与社会经济系统的相互耦合与协同发展：一是协调不同利益相关方在空间上的资源利用，考虑统筹游客、社区居民、特许经营者和管理者与土地利用、自然资源资产、环境交通等之间的关系，以利于确定保护空间与利用空间的面积及功能区边界；二是协调自然价值与人文价值的关系，国家公园是自然价值和人文价值因素相聚合的载体，需要从多角度对其价值作出评价，避免评价标准单一化导致二者关系的失衡，这集中反映在重要自然生态系统、旗舰物种栖息地与自然景观、自然遗迹的边界确定要统筹协调，要以分区功能的协调性促使环境状态良好、人类需求得到满足、人地关系和谐。

第二，连通性主要是指实现自然生态系统完整性保护路径的连通，连通性本身是完整性的组成部分（何思源等，2019a），国家公园良好的连通性是保护生物多样性以及维持生态系统稳定性和整体性的一个关键因素。连通性保护是超越物种保护范围而考虑生态演替的景观格局的保护，要建立在对国家公园自然空间区域和与之相连的地区进行统一综合保护的基础之上。例如，要为旗舰物种提供足够的适宜栖息地，不仅包括原有栖息地，还要形成稳定的生态廊道和景观廊道；要促进生物多样性保护，注重野生动物生态廊道与重要鸟类迁飞通道建设，改善其栖息地碎片化、孤岛化、种群交流通道阻断的状况，对生态空间格局重组或优化，增强连通性。

第三，调控性主要是指在明确重点保护对象或核心资源的基础上，针对公园内生态系统的濒危性、脆弱性片区情况，为采取相应保护、修复对策而考虑的动态空间调控，特别是对有些保护对象所采取的保护、修复措施会随着时间推移而需要"调整"和"变化"，功能分区设置"动态"的调控空间，建构可持续发展利用的空间生态格局，为维护具有国家代表性乃至全球价值的自然生态系统、生物多样性和自然遗迹提供空间保障。

由此可见，国家公园功能区划是基于典型生态系统原真性、完整性的保护，对其未来不同区域的功能定位过程。因此，国家公园功能区划既是目的，又是发挥分区功能作用、协调人地关系的过程，还是协调性、连通性、调控性作用的综合运用。

2.2.4 国家公园生态功能保护格局建构

"生态重要性"是国家公园实施功能分区最为核心的评价内容（唐小平，2018），也是具有保护价值的生态功能的具体体现。生态重要性是指生态系统对维持生态系统、保护生物多样性以及对社会经济发展所发挥的重要作用，生态重要性是表征生态系统结构和功能重要性程度的综合指标。国家公园的生态保护是基于生态保护红线概念范畴的生态保护，环境保护部等部门印发的《生态保护红线划定技术指南》（2015年）、《生态保护红线划定指南》（适用陆域国土空间、2017年）表明，生态保护重要性评价由生态服务功能重要性评价和生态敏感性评价两部分组成，是二者综合叠加分析的结果，其评价方法可分为基于生态系统结构和功能的定性判断、基于生态服务功能的定量分析、综合评价3类（李平星，2012），可用于指导国家公园功能区划。

国家公园是我国自然保护地体系中保护等级最高、生态价值最大、管理措施最严的大面积自然生态空间，这一生态空间是以提供生态系统服务或生态产品为主体的地域空间。高吉喜等（2020）提出了从重要生态功能维护、人居环境屏障和生物多样性保护等角度综合构建自然生态空间格局，这种自然生态空间格局构建正是一种以保护为目的的导向型规则。李双成（2021）认为生态格局是指生态系统要素类型如森林、草地、湿地和农田等在空间上形成的结构和联系，是一个多尺度嵌套的空间结构，具有时空异质性和尺度依赖性，且在不同层次之间存在耦合关联。生态保护重要性格局就是对维护生态平衡、保护生物多样性以及有利于社会经济发展具有保护重要性的生态格局，然而，国家公园这一典型复合生态系统的地域空间，是自然环境的不断演变发展与人为干扰因素的综合结果。要综合反映国家公园复合生态系统的空间特征，除了生态保护重要性格局，还须考虑因漫长的人类活动干扰影响形成的空间格局，把生态保护重要性格局和人类活动干扰格局两者结合派生的空间格局被称为生态功能保护格局。

由此可见，建构国家公园生态功能保护格局，既要考虑自然生态系统和生态空间独立于人类而存在，是国家公园生态保护的基础；又要考虑人类活动干扰程度酿成的格局，即考虑人类干扰对生态环境、生态空间等产生的作用和影响以及其生态系统提供的物质循环、能量流动、信息传递与区域社会经济发展变化的耦合关系。国家公园生态功能保护格局是指国家公园能够为人类提供生态调节服务或提供福祉产品能力的具有保护价值的空间结构,内涵是具有国家代表性乃至全球价值的大面积重要自然生态系统、珍稀濒危物种和游憩资源,是凝聚人类社会因素与资源生态因素的空间结构。国家公园生态功能保护格局的结构和形态会因自然生态系统扰动和人类活动干扰而变化,也具有时间尺度上的相对稳定性。生态功能保护格局揭示了国家公园复合生态系统空间格局的本质特征,既包括自然的客观存在,也包括人文的主观追求,是二者长久积淀并不断演变形成的结构和联系。同时,这映现了国家公园生态保护第一、国家代表性、全民公益性三大理念的空间性,为国家公园功能区划奠定了空间格局分析的基础(图2-7)。

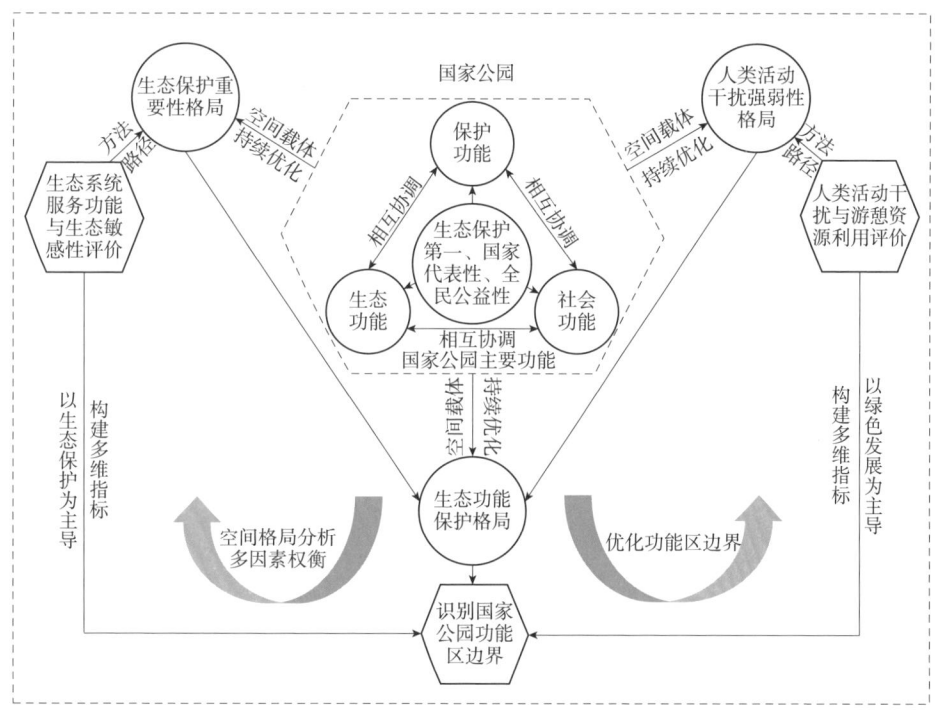

图2-7 国家公园生态功能保护格局建构与分区路径

在国家公园功能区划具体实施路径上,以国家公园(区域空间)生态保护(核心功能)重要性为基础,构建由生态功能属性指标主导的生态保护重要性格局与社会功能属性指标主导的人类干扰强弱性格局,二者叠加形成生态功能保护格局,进而识别生态保护重要性、人类活动干扰强弱性或者由二者形成的生态功能保护格局空间分布特征,并评价分析其空间分布梯度层次和影响功能分区的相关指标,再与生态保护可行性、空间管控需求等多因素权衡确定,是实现国家公园功能区划的一条有效途径(Zhao et al.,2022b)。

2.3 国家公园功能区划承接国土空间规划体系的传导指引

2.3.1 国家公园功能区划的理念指引与目标传导

国家公园功能区划作为区域国土空间规划的一种类型，将其所涉及地域全部纳入生态保护红线范围管控，需要综合考虑生态系统原真性和完整性、核心资源国家代表性以及独特自然景观、自然遗迹保护等因素。对此，明晰生态文明制度下国土空间规划体系与国家公园功能分区传导指引关系，有利于推动制度优势向实践效能转化，促进"多规合一"、国土资源"一张图"等实践创新。因此，上述"功能+格局"功能区划理论框架构建，内蕴国土空间规划与国家公园功能区划之间具有空间属性的纵向传导和横向衔接机制（图2-8）。

纵向传导主要是理念、政策传导，覆盖规划编制的全过程。在体现传导性上，国土空间规划体系及其主体功能区制度作为国家公园总体规划以及分区规划的上位依据，这就要求国家公园分区规划要遵循上位空间规划战略定位、发展目标，不能单一考虑国家公园自身规划、建设、发展目标，还应融入地方国土空间总体规划，这样才能保证规划有效落地。事实上，国家公园功能区划需要有空间治理政策的支撑，否则功能区划就会成为静态的蓝图，逐步丧失作用和活力。

横向衔接是指国家公园分区规划具有连接国土空间规划体系下所涉及国家公园的生态修复、游憩体验、自然教育等专项规划内容的纽带作用，同时相关规划措施都需要协同遵循主体功能区制度下确定的空间功能定位、资源保护强度和管理可行性。一方面，"功能+格局"功能区划理论框架实践需要注重资源生态保护与区域社会经济发展目标相互协调，使国家公园功能区划承接区域空间主体功能定位的技术逻辑与空间治理的政策逻辑相匹配；另一方面，需要融入"刚弹结合"的双向联系及反馈机制，保障其传导效率，提升功能分区规划的适宜性和能动性，使功能区划更加贴合政府与社会、中央与地方等国家公园利益相关者的实际。

2.3.2 国家公园功能区划理论实践的思路与对策

2.3.2.1 坚持绿色发展与生态保护相结合

新时代我国国土空间规划体系强化了生态文明建设优先地位，把绿色发展理念纳入国土空间规划编制实践之中，把主体功能区制度放在统筹各类空间性规划

2 国家公园功能区划理论框架构建

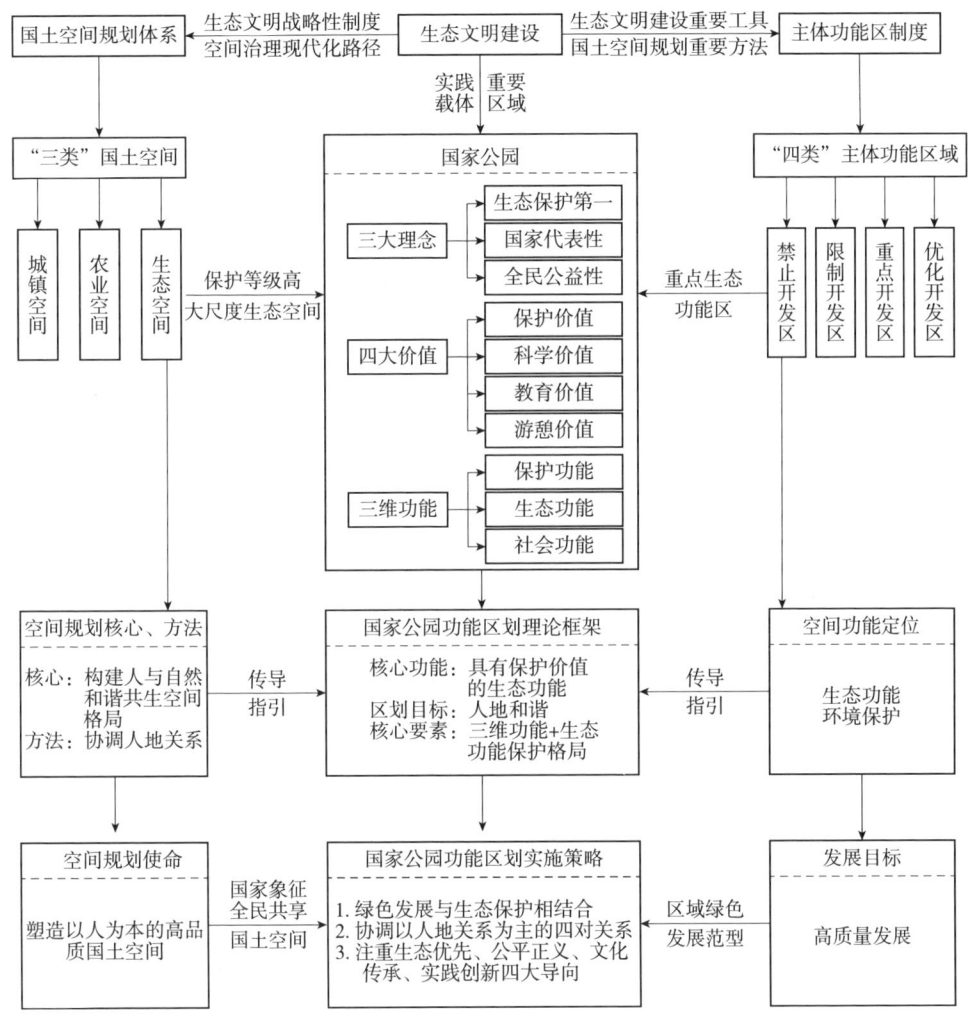

图 2-8 生态文明制度下国土空间规划体系、主体功能区制度与国家公园功能区划不同层次的衔接

的总控性地位，改进了传统城乡规划以发展为主、重视生产力布局、倚重经济增长的规划模式。新时代的国土空间规划核心是构建人与自然和谐共生的空间格局，坚持"以人为本"和"生态优先"，"以人为本"是目的和目标，"生态优先"是前提和基础。新时代国土空间规划是发展性与管控性相结合的规划（吴殿廷等，2021），要求在尊重自然规律的基础上发挥人的主观能动性，在"生态优先"的基础上实现"以人为本"。同时，国土空间规划立足于对自然资源干扰最小、对生态环境最友好，公平公正地满足人民日益增长的美好生活需求，其实质是人与自然的活动在时空上的统筹优化和安排(李强等，2021)，本质是对人类活动加以理性的约束和引导。

在此背景下，一方面，国家公园在国土空间规划中属于禁止开发区域中的重点生态功能区，其首要功能是重要生态系统的原真性、完整性保护，兼具科教、游憩、社区等综合功能，进而树立生态保护第一、国家代表性、全民公益性三大理念。另一方面，国家公园既是环境与自然资源区域化保护的典型形式，又是中华民族空间资源的宝贵财富。分区规划基本职能是界定功能区类型及其空间职能，确定差别化分区保护和利用措施，布局游憩利用、原住民生产生活保障等基础措施，对非国家公园工程建设明确准入或限制措施，制定资源保护利用阶段性目标等。因此，我国国家公园在进行功能区划时涉及空间资源保护、空间结构整合、空间要素协调、资源资产产权公平等诸多方面的内容，要以空间资源的合理配置和有效利用为核心，统筹协调各类资源在空间上的衔接，解决各类资源在空间上的矛盾和冲突(唐小平，2020)；同时，维护自然界大地肌理安全和荒野景观及文化遗产地的原真性，这须以绿色发展与生态保护相结合的策略营建高品质国家公园空间格局。

2.3.2.2 协调以人地关系为主的四对关系

国家公园功能区划要运用好区域国土空间规划的理念，统筹协调人与地、人与人、地与地、人与动物4对关系：一是协调人与地的关系，就是坚持以生态保护为导向的绿色发展规划，维护自然禀赋的典型性、重要生态系统的完整性，在"生态优先"的基础上实现"以人为本"，处理好自然生态保护与社区绿色发展的关系。二是协调人与人的关系，就是利用分区规划协调国家公园管理机构、地方政府、社区居民、特许经营者、访客5个利益主体的关系以及国家公园内外利益相关方的关系，当代人福祉与后代人福祉的关系，自然人与法人之间的关系，尤其是国家公园原住民生活、生产与国家公园管理、发展的关系。三是协调地与地的关系，山水林田湖草沙生命共同体的系统治理实质是强调处理好地与地的关系，由于功能区划与行政区划之间在整个空间治理结构中是一种交织关系，因此地与地的关系主要是利用规划协调好国家公园功能区与当地行政区之间的关系，兼具协调国家公园管控区与功能区之间的空间嵌套关系，还要考虑国家公园整体区域空间在更大尺度区域空间上的生态盈亏问题。四是协调人与动物的关系，就是要解决珍稀野生物种保护与人类经济社会发展之间的矛盾，一方面原住民生产与生活过分依赖自然资源开发利用寻求经济收入来源的活动，对野生动植物生境和栖息环境造成干扰，使珍稀物种生存空间受到限制；另一方面野生动物伤畜和破坏庄稼、植被的事件常常发生，必须妥善处理野生动物及其生境保护与当地居民生产生活的关系。

在上述4对关系中，起决定作用的是协调好人与地的关系，即促进人与地在国家公园中相互联系、相互作用而形成的动态结构，使其朝着有利于保护自然生态系统和生态过程的完整性方向发展，增强生态系统服务功能，提供更多生态产品，为人类社会服务。协调以人地关系为主的4对关系包括协调处理人类活动与自然环境的矛盾，比如人、草、畜平衡共生问题，生态搬迁与文化变迁的矛盾等。要在人类活动与自然生态互动的过程中寻找、谋求人地关系协调、和谐发展的方向和途径，以益于自然保护地与社区融合发展。

2.3.2.3 注重生态优先、公平正义、文化传承、实践创新四大导向

(1) 强化生态优先理念

生态优先不仅是国土空间规划体系的基本理念，还是国家公园生态保护第一核心理念在其空间规划上的必然要求。在国土空间规划体系之中，国家公园属于具有保护价值的生态空间，被纳入全国生态保护红线区域管控范围（马之野等，2019）。强化国家公园分区规划生态优先理念，首先，要强化自然生态现状、生态系统监测数据的调查分析，摸清公园内生态服务功能、生态敏感性等生态保护重要性与人类干扰强弱性的空间分布现状特征，有效识别应该重点保护区域；其次，要提高生态保护和恢复等方面的研究比重，避免国家公园分区规划仅是强调对建设性管控的规划；最后，要通过"生态优先"的规划方法，对重要生态系统、旗舰物种及代表性景观优先进行具有前瞻性的总体规划和发展规划，维护自然、生态和文化的空间格局协调，确保生态功能不降低、生态服务保障能力逐渐提高，推进山水林田湖草沙冰系统保护。以"生态优先"强化国家公园生态保护第一理念。

(2) 促进空间公平正义

"空间公平正义"从本质上讲是社会公平正义在空间资源问题上的映射和表征，映现为空间资源配置和价值追求上的平衡。区域生态空间正义与当地人民生态环境权益紧密关联。国家公园区域一般位于生态富集但经济落后的地区，当地民众的经济来源主要依靠传统农业、畜牧业等第一产业。国家公园内自然资源资产管理以保护为主，仅允许原住民开展维持生产生活的、必要的经营利用，必然会影响到享有使用权的集体、个人或其他组织对林地、草地和水域等的经营和收益。国家公园空间区域禁止开发性、生产性建设活动，必然会限制一些资源消耗产业的发展，公园内游憩等人类活动的管理措施也会影响当地社区居民生产、生活等。如何解决这些发展与保护的矛盾是促进空间公平正义的关键因素。国家公园功能区划既要坚持生态保护第一，又要保障原住民生活。要建立健全市场化、多元化生态保护补偿机制，构建以生态产业化和产业生态化为核心的绿色经济社

会发展体系。处理好国家公园生态效益与原住民实际经济利益的关系，实现人与自然的空间公平正义；国家公园通过协调人类游憩利用与自然保护之间的平衡，将健康的生态环境这个最公平的公益产品留给子孙后代，体现当代人与后代人之间在空间资源分配方面的代际公平。要探索建立反映市场供求和资源稀缺程度、体现生态价值和代际补偿的资源有偿使用制度和生态补偿制度（韩爱惠，2019）。协调生态保护管理目标与当地居民生产生活需求的冲突，促进空间规划公平正义，践行国家公园全民公益性理念。

（3）强调精神文化传承

国家公园具有代表国家形象和彰显中华文明的作用，是国家精神的良好载体（陈耀华和张丽娜，2016），是增强民族自豪感、认同感和爱国情操的精神家园。国家公园不仅仅是动植物栖息地，也是人类精神栖息地（吴承照等，2022），既包含有形的自然和人文资源及其景观，同时也包括无形的自然文化、历史文化等非物质文化形态的遗产资源。在风景、生态或人文特色等方面具有国家代表性或世界遗产价值，具有深厚社会文化禀赋。国家公园范围一般跨越不同流域、不同文化资源区，同一文化区通常一部分在公园外一部分在公园内。因此，在国家公园功能区划及其实施过程中，要有国之大者胸怀和历史担当，关注跨区域文化资源整合，构建体现中华文明和区域特色的国家公园文化格局。从分区规划上应注重国家意识的引导，以人文资源形式展现国家形象、国家历史、国家精神，增强国民认同感；在重点景点、景观风貌、游憩空间等规划设计上突出强调国家意识。国家公园设施建设要与地域文化传承创新结合，建设项目及空间环境应当与自然景观、文化特色相协调，凸显国情、地情风景文化特点。应注重自然遗产与文化遗产的融合，保护核心资源或主要保护对象的国家代表性，协调好文化传承和国家公园发展之间的关系，凝练国家公园地域文化特色，丰富国家公园文化内涵等，以利于增强、凝聚、彰显国家公园国家代表性。

（4）注重分区实践创新

国家公园模式实际上是"绿水青山就是金山银山""人与自然是生命共同体"理念在生态区域的一种实践和创新。国家公园功能区划等空间规划就是要保护自然山水格局和历史人文风貌，构建生态环境提升、生态保护增强、生态价值共享、生态居民乐业、生态访客满意的空间环境。第一，在理念创新方面，国家公园应该是国土空间规划禁止开发区域实现2030年前碳达峰、2060年前碳中和的"双碳"目标，应对气候变化国际目标接轨的先行区域（赵智聪等，2022）。例如，在不影响自然生态系统完整性和原真性前提下，把"双碳"目标纳入国家公园空间规划以及功能分区和管控决策的评估之中，研究气候变化对国家公园的保护管理目标可能造成的威胁，加强分区空间管控措施以减少负面影响；评估碳汇与碳源的空间分布，助力分区界定，丰富国家公园建设的内涵。第二，在制度创新方面，要完善、优化公众参与机制，公众参与规划既是我国民主政治与国家公园全民公益性的体现，也是助力国家公园功能区划方案落地的重要方式，要创造条件让国家公园利益相关者通过与国家公园管理机构、规划编制团队沟通交流，参与并影响规划决策过程，使分区方案获得更高认可度。对可能涉及公众利益的分区管控措施，如公园边界、生态红线、集体土地所有权、访客路径、基础项目建设选址等，主动向社会公开并接受公众监督。通过征求相关管理部门、原住民等利益相关者的意见，可以促使国家公园理念及管控目标转化为原住民等利益相关者认同的保护管理共识，助推原住民成为国家公园生态保护的主力军。第三，在科技创新方面，整合各类监测力量，重点围绕森林、湖泊湿地、草地等生态系统和物种多样性等，构建天地空一体化综合监测体系。加强重要自然生态系统、旗舰物种栖息地、独特自然景观等资源利用状况与人类活动干扰状况的监测监管与评价，建立生态网络感知系统。应当运用大数据、卫星遥感、人工智能等现代化技术手段，建立共享型监测大数据平台，推动国家公园实现智慧感知、智慧管理和智慧服务，将智能管理与人工管理相结合，为国家公园功能分区实施提供科学数据，以实践创新驱动国家公园发展动能。

3 国家公园功能区划方法路径

3.1 功能分区划定原则

3.1.1 生态系统原真性与完整性原则

国家公园具有自然生态系统保护模式的本质属性，具有保护价值的生态功能是国家公园最为核心的功能。应按照生态系统及演替过程的原真性和完整性状态，科学、合理界定严格保护和生态修复的区域。同时，将山水林田湖草沙生态系统作为一个生命共同体，在其功能分区界线确定过程中，把各功能片区作为一个相互联系、相互依赖的整体，整合同类自然要素、人文景观、游憩空间、社区空间等在国家公园空间上的分布格局，合理划分空间范围。因此，制定国家公园功能分区方案，要紧扣该空间片区生态重要性在国家公园功能价值上的表现特征和效用，应尽量保持自然生态系统和自然生态地理单元的原真性和完整性。

3.1.2 识别主要保护对象原则

国家公园在功能区划时要确定重要生态系统或珍稀濒危野生动植物的核心保护对象，一般是起主导生态功能作用的某一个或几个重要生态系统类型，或者是旗舰物种栖息地以及自然遗迹、人文景观承载地域，比如青海湖国家公园创建区生态空间整体上生态系统服务功能和生态敏感性重要性程度较高的湖泊、河流湿地生态系统，和起主导生态功能作用的核心资源，作为严格保护重点。同时应重视因为气候暖湿化、湖泊及支流水位升降导致鸟岛、沙岛等区域生态修复问题，保护旗舰物种的繁衍和生存。功能区划要根据主要保护对象的保护需求制定功能分区方案。

3.1.3 保护优先与合理利用原则

我国国家公园承担自然文化资源保护和利用双重任务，功能区划的落脚点在于为"人"服务，既要兼顾原住民的基本生活和传统利用生产的需要，又要兼顾当地社会经济发展的需求。在功能区划实施中应从生态环境保护目标与资源利用之间的关系出发，兼顾游憩资源利用和社区发展需求。在生态保护过程中，重视人与生存环境的互动和有机联系，减少保护与利用的功能冲突和空间冲突。在实践差别化管理中，严格保护区禁止建设与生态保护无关的任何建(构)筑物等，禁止一切生产经营活动；设立的传统利用区可以在原址复建、改建原住民住宅建(构)筑物，这有利于平衡其保护和利用之间的冲突，便于分区管控措施落地实践。

3.1.4 前瞻动态变化原则

国家公园是一个动态变化的空间系统和有机整体，分区划片就是对该空间系统施加控制，使其空间结构及其功能向着有利于生态安全、增强全民共享性发展目标的方向演化。国家公园功能区划是一个不断发现问题和持续解决新问题的动态过程，其功能分区方案确定后，或许仅适用一定时期，因而需要加强对其持续或定期的监测与评价。根据不同历史阶段国家公园内生物多样性的演替变化、周边生态环境的改善，本着持续加强保护，适时调整优化分区方案。这种动态调整区划的方式，能保证重要生态系统动态、可持续的完整性，这也是对不能完全准确预测未来生态环境变化的一种积极、有效应对。

3.1.5 生态效应外溢原则

要强化生态保护第一和山水林田湖草沙是生命共同体的代表性载体理念，前者体现对自然要素的重视，后者则强调对自然要素的系统考虑。国家公园作为生态保护的重要载体，要为更大尺度的空间和人类生存提供生态服务和生态产品，分析该国家公园在更大空间范围或更高等级区划单位中所承担保障生态安全、维护生态平衡的功能和作用。这意味着国家公园功能区划，不能仅仅局限于满足自身的规划和建设，满足于公园内生态、畜牧业、居民生活等方面的国土空间安全，而要扩大生态效应外溢性。通过核心资源保护，周边区域因国家公园的生态服务而受益，形成国家公园与毗邻区域共生共溢的生态文化共同体，实现其生态保护综合效益最大化。

3.2 空间格局分析与多因素权衡分区路径

3.2.1 总体思路

本书中空间格局是指国家公园内自然环境要素和人类影响要素在空间上形成的结构和联系，主要是指构建的生态功能保护格局的空间表征。空间格局分析是指使用空间分析、利益相关者、高质量发展等理论方法，针对国家公园空间的生态系统与生物多样性、自然地理、人文地理等资源的空间关系，重点是对生态功能保护格局空间特征进行分析、判断和识别，是对资源空间划分决策提供服务的方法。多因素权衡是指分析和评估影响功能分区的关键因素，即国家公园顶层政策和目标因素、空间资源特征和永续发展因素、采用的工具和技术因素等，分析和评估国家公园的空间格局特征与保护对象、保护需求、管理目标实现可行性多个方面因素的关系。

"基于空间格局分析与多因素权衡的国家公园功能区划"方法（functional zoning of national parks based on spatial analysis and multi-factor tradeoff）是本书在理论构建的基础上总结相关研究成果，并结合分析国家公园空间资源特征的基础上提出的普适性分区方法。本方法是以国家公园（区域空间）生态保护（核心功能）重要性为基础，构建由生态功能属性指标主导的生态保护重要性格局与社会功能属性指标主导的人类干扰强弱性格局，二者叠加形成的生态功能保护格局，通过量化其指标实现国家公园功能分区。其主要目的是解决国家公园内生态系统安全格局与民生发展之间的矛盾对立问题，如既要保护好自然资源又要发展社会经济，既要"生态优先"又要"以人为本"，从而最终实现国家公园的高质量发展。国家公园能否实现这一目标，分区理论和方法技术是最为关键的因素。因此，在以上原则的指导下，提出了如图3-1所示的国家公园功能区划总体思路。

在具体国家公园功能分区方法思路中，通过建立生态系统服务功能、生态敏感性、人类活动干扰以及游憩利用等不同目标的技术方法，分析空间资源特征遴选出体现多维功能的指标因子，识别哪些区域需要严格保护，哪些区域可以适当利用，从而平衡不同利益主体的冲突和明确不同区域的管理权限，以促进国家公园自然生态资源保护和经济社会活动的可持续发展（Xu et al.，2017）。而其生态保护重要性的指标遴选及其分类来源于环境保护部等部门印发的《生态保护红线划定技术指南》（2015年）、《生态保护红线划定指南》（2017年），这些指南中明确其仅适用于陆域国土空间。因此，国家公园功能区划不仅仅是国家公园生态功能区划，同时也是国家公园生态保护重要性格局、人类活动干扰性格局乃至生态功能保护格局的结构特征及分布梯度层次、分布形态等要素的整合、升级和优化，是在全面分析生态保护重要性格局的基础上，根据国家公园管理目标可实现性、管控方式便利性、保护强度有效性等多因素权衡做出的空间上的"分区划片"。

3.2.2 分区指标体系构建

功能区划指标体系构建作为国家公园研究的一项重要构成内容，指标的选取对于功能区划结果至关重要（Ma et al.，2022），科学的分区指标不仅能够识别国家公园不同区域自然资源的问题和特征，还能基于自然资源保护等相关政策，有效地制定相应的管控措施（苏珊等，2019）。本书根据《国家公园设立规范》《国家

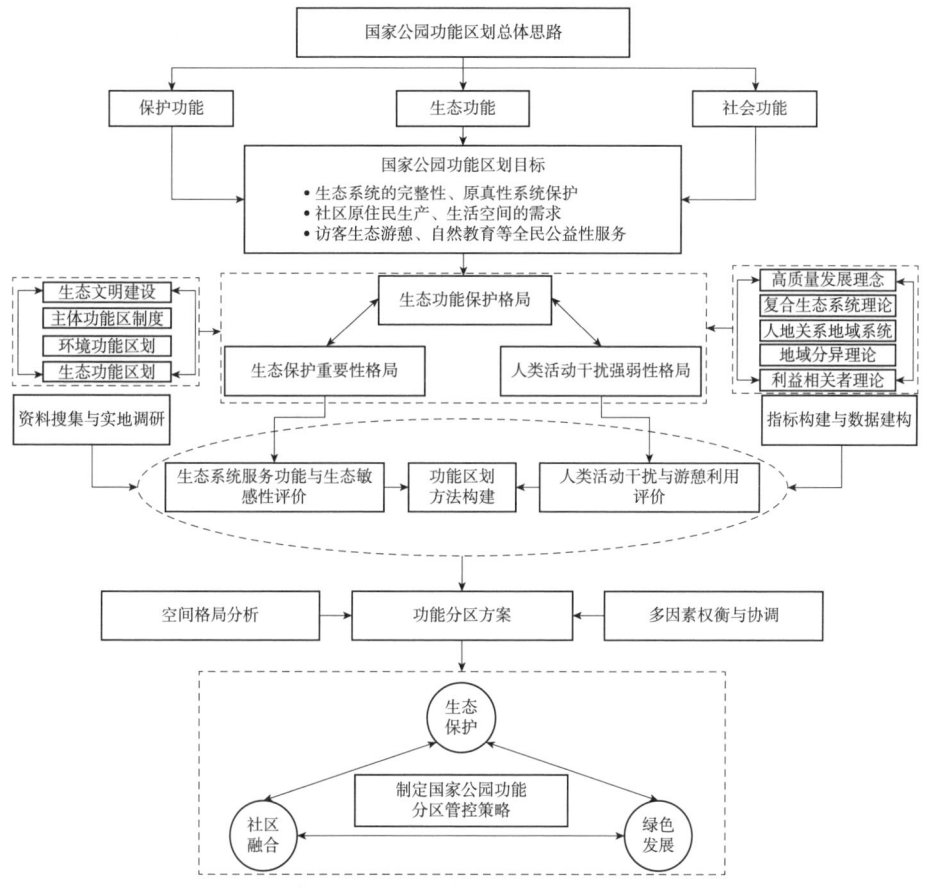

图 3-1 国家公园功能区划总体思路

公园功能分区规范》等行业标准，提出基于生态功能保护格局的分区指标框架，将生态保护重要性格局和人类活动干扰强弱性格局系统有机地结合起来，从而形成多要素指标、多层次结构的指标体系（图 3-2）。

首先，从"功能+格局"理论框架可以看出，国家公园功能区划与保护、生态、社会功能密切相关，在运用地理信息系统等各类模型方法进行区划时，需要以国家公园理念"生态保护第一、国家代表性、全民公益性"为分区目标，重点评估生态系统服务功能、生态敏感性、人类活动干扰以及游憩资源利用等空间格局分布规律，旨在严格、整体和系统保护自然生态系统的原真性和完整性，同时合理利用自然资源空间。

其次，在具体指标构建中，综合考虑公园内空间资源特征实际情况和自身特征（陈耀华等，2014；刘超明和岳建兵，2021）。比如，为了有效量化各类指标在分区过程中的空间特征，在数据可获得的前提下，指标体系充分地考虑了当地的

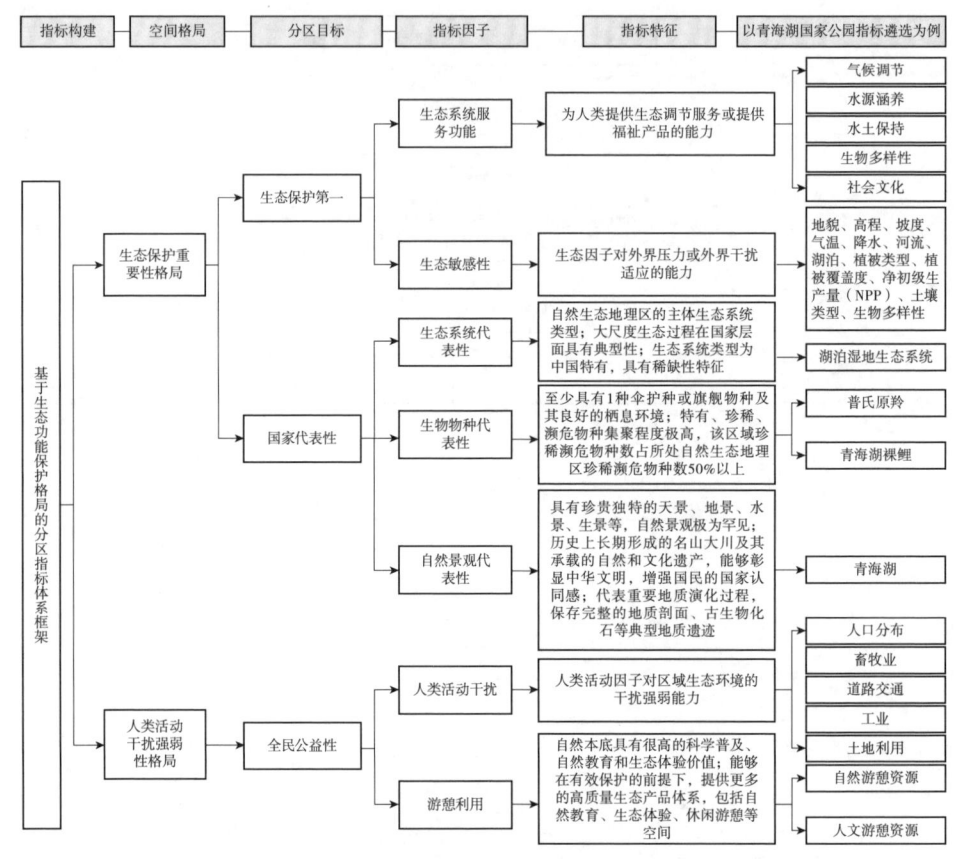

图 3-2 国家公园功能区划指标体系

自然地理特征中的地形地貌、气候气象、水文土壤、生态系统等因素和自然资源特征中土地、林草、生物多样性等因素构成的生态保护重要性评价指标。同时，针对社会经济资源特征，在保护的前提下留出适当的发展空间，通过现地调查充分遴选了人口及分布、产业发展等当地人类活动干扰较大的指标。

最后，国家公园所在生态区位十分关键，位于国家重点生态功能区，具有完整的自然生态系统结构，区域内生物多样性极为富集，生态服务功能显著，能够长期保护并维持国土生态安全（何思源和苏杨，2019；唐小平等，2020b）。着重识别重要的生态系统以及旗舰物种空间格局是我国国家公园"生态保护第一"和"国家代表性"理念在功能分区中的具体体现。同时，"全民公益性"也是国家公园功能分区的目标之一，一方面，功能区划既要考虑到国家公园生态保护的现实状况，又要协调相关利益者参与国家公园建设和治理，从保护成果中受益。另一方面，国家公园游憩功能尤为重要，功能区划应当为公众提供自然教育、生态体验和游憩的区域。

综上，基于生态功能保护格局构建功能区划指标体系对精准实现分区目标和系统指导国家公园功能分区路径具有关键作用。

3.2.3 分区方法技术流程

3.2.3.1 步骤说明

(1) 构建分区评价单元

首先，通过实地调查，遥感技术等方法获取创建区的相关基础数据。其次，运用地理信息系统相关专业知识和软件(如 ArcGIS 10.2)对数据进行预处理，预处理主要包括数据提取、裁剪、叠置、数据格式和投影转换等，并建立相应的空间属性数据库。最后，考虑国家公园所包含的数据种类众多，且数据量大，为了更好地进行后期评价，分区评价主要以栅格为基本评价单元。

(2) 识别生态保护重要性空间格局

首先，通过构建生态保护重要性空间格局，将其划分为生态系统服务功能、生态敏感性两类建立指标体系并分别进行单因子评价，识别和区分生态保护重要性程度空间分布格局。根据重要性评价结果，将创建区划分结果按梯度确定一般重要、中等重要、重要、极重要区域。其次，根据生态系统敏感性评价结果将创建区分为极敏感区域、高度敏感区域、中度敏感区域、轻度敏感区域、不敏感区域。最后，将两类分区结果进行空间加权叠置分析，得到生态保护重要性空间格局，作为在国家公园功能分区的基本区划单元。

(3) 构建人类活动干扰空间格局评价体系

首先，识别和区分人类活动空间干扰强弱性程度，将其划分为重度干扰、高度干扰、中度干扰、轻度干扰和无干扰等空间单元。其次，将其与生态保护重要性空间格局进行叠置分析。最后，根据现状资源属性，明确各个分区的功能定位和主要保护对象，以利于国家公园管理部门在后期能够因地制宜地制定资源保护措施。

(4) 多因素权衡

具体为根据游憩资源等级评价和游憩资源空间潜力等管控可行性指标评价结果，结合旗舰物种栖息地空间分布，以及在国家公园核心理念、核心价值、三维功能和更大尺度上的生态安全功能定位等诸多因素综合权衡划定功能区。即在明确重点保护对象后，对生态保护重要性格局或者进一步对生态功能保护格局的空间分析梯度层次进行识别和区分。

(5) 功能区边界优化与调整

边界的优化与调整主要基于 GIS 空间分析技术，同时结合创建区的地形、河流、山谷、山脊等明显标志性自然地理边界数据以及道路、城镇行政边界、廊道、交通等基础设施空间地理数据对边界进行修正和优化。

具体过程如图3-3所示。

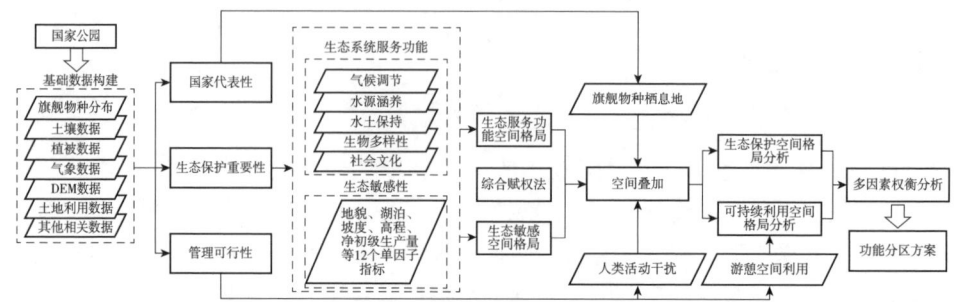

图3-3　国家公园功能区划方法流程

3.2.3.2　空间叠置分析

空间叠置分析是地理学适宜性模型研究中应用最为广泛的方法（李益敏等，2017），常依托于地理信息系统相关理论进行数据叠置分析。目前，被较为广泛应用的叠置分析工具包括加权总和、加权叠加、模糊叠加、模糊分类等。在本研究中，由于各个单因子图层数据过程中的分值都是确定的，因此采用加权方式进行空间叠置分析。其基本原理就是将各指标图层与各自所占权重相乘，然后将各加权图层进行叠加计算，得到最终空间图层。就本研究而言，国家公园功能区划结果图层是以生态保护重要性格局栅格图层与人类活动干扰强弱性格局栅格图层为数据基础，经过加权叠置分析以及一些列的边界细化与优化操作生成的。该操作过程中所运用的主要叠置数学逻辑如公式（3-1），空间叠置分析过程如图3-4所示。

$$T_{(mn)R} = \{(E_{an}+S_{bn})+H'_{cn}\}+R_{gp} \tag{3-1}$$

公式（3-1）中，E_{an}代表生态系统服务功能空间格局；S_{bn}代表生态敏感性空间格局；H_{cn}代表人类活动干扰空间格局，H'_{cn}代表反向叠置；R_{gp}代表游憩资源利用空间格局；$T_{(mn)R}$代表功能分区空间分析与多因素权衡结果。其中，a代表生态系统服务功能单因子图层；b代表生态敏感性单因子图层；c代表人类活动干扰单因子图层；g代表特品级游憩资源；p代表特级游憩资源空间潜力；m代表ESH影响程度；n代表各类图层权重值。

为了进一步体现国家公园的核心功能以及识别生态保护重要性空间格局的基础，在具体功能分区中，将以生态保护为目标区域采取最大值的方式进行空间确定，如公式（3-2）；以发展利用为目标区域采取最小值的方式进行空间确定，如公式（3-3）；最终确定功能分区空间。

$$P = (E_{an} \cup S_{bn}) \cup H'_{cn} \tag{3-2}$$

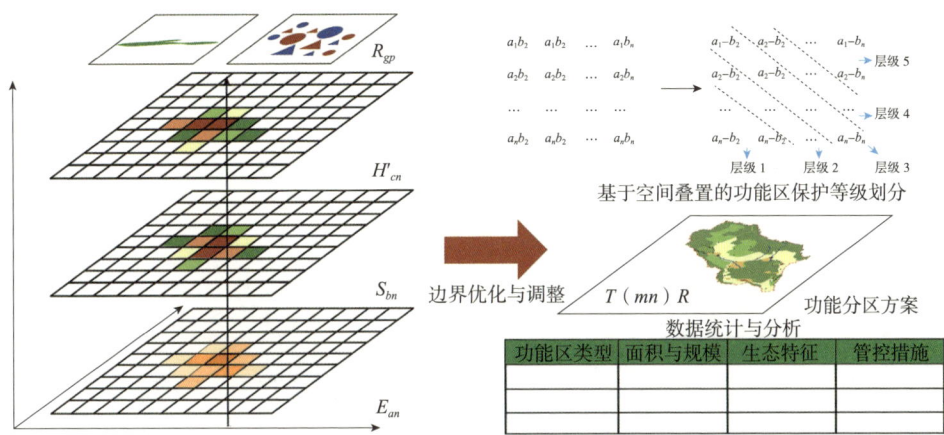

图 3-4　空间叠置分析过程示意图

公式(3-2)中，P 代表以生态保护为目标的空间区域；E_{an} 同上；S_{bn} 同上；H'_{cn} 同上。

$$U=(E_{an}\cap S_{bn})\cap H'_{cn}+R'_p+R'_g \tag{3-3}$$

公式(3-3)中，U 代表以发展利用为目标的空间区域；E_{an} 同上；S_{bn} 同上；H'_{cn} 同上；R'_p 代表特级游憩资源集群潜力空间；R'_g 代表特品级游憩资源点。

3.2.3.3　主客观综合赋权重法

（1）层次分析法与 Delphi 法

层次分析法（Analytic hierarchy process，AHP）是一种主观赋权的方法，主要是采用邀请专家进行（Delphi）权重分配的一种定性和定量相结合多目标决策方法（鲁大铭等，2017）。在自然地理区划、生态环境评价、土地资源管理等领域具有广泛的应用（徐建华，2006）。在各类指标评价中，需要构建一个目标层、准则层、指标层以及更多层级的层次分析模型，将所涉及的评价指标建立判断矩阵，两两进行比较，确定其重要性程度[公式(3-4)]，采用 1-9 标度法进行相对重要性评判（表 3-1）。评价因子权重体现了评价体系中各评价指标的相对重要程度，直接影响评价结果的合理性（骆正清和杨善林，2004；赵力等，2021）。

$$O=\begin{Bmatrix} s_{11}s_{12}\cdots s_{1m} \\ s_{21}s_{22}\cdots s_{2m} \\ \cdots \\ s_{n1}s_{n2}\cdots s_{nm} \end{Bmatrix} \tag{3-4}$$

公式(3-4)中，s_{nm} 为第 n 个评价目标与第 m 个评价因子的关联度值。$s_{nm}>0$，$s_{nm}=1/s_{nm}$，s_{nm} 中 n 为比 m 的重要程度，比值越大说明越重要。通常 s_{nm} 的取值为 1~9 及它们的倒数，其标度及对应含义如表 3-1 所示。

表 3-1 判断矩阵标度及对照表

标度	含义
1	因子 n 与 m 同样重要
3	因子 n 比 m 稍微重要
5	因子 n 比 m 明显重要
7	因子 n 比 m 重要得多
9	因子 n 比 m 极端重要
2、4、6、8	因子 n 比 m 重要程度分别介于 1~3、3~5、5~7、7~9
$s_{nm}=1/s_{nm}$	表示因子 m 比 n 的不重要程度

注：n 为评价目标；m 为评价因子；s_{nm} 为 n 与 m 关联度值。

由于客观事物的变化性和复杂性以及人的主观意志的多样性，无法要求判断矩阵具有系统的一致性，但判断矩阵应该具有大体上的一致性。因此，为了保证判别的一致性与评价结果的可靠性，根据均一化处理后的判断矩阵，计算出最大特征值，进行一致性检验［如公式(3-5)~公式(3-7)、表3-2］。CR 为一致性比率，当 CR<0.1 时，判断矩阵基本具有一致性，判定该矩阵具有可以接受的一致性，否则需要重新调整判断矩阵。通过 AHP 法 yaahp 软件计算，本研究权重均符合一致性比率，判断矩阵具有较好的一致性。

$$CI = (\lambda_{max} - q)/(q-1) \tag{3-5}$$

$$CR = CI/RI \tag{3-6}$$

$$\lambda_{max} = \sum_{n=1}^{q} \frac{(OW)_n}{qW_n} \tag{3-7}$$

公式(3-5)~公式(3-7)中，CI 为一般一致性指标；CR 为一致性比例；λ_{max} 为判断矩阵最大特征根；q 为矩阵阶数；RI 为平均随机一致性指标；$(OW)_n$ 为向量 OW 的第 n 个元素；W_n 为第 n 个评价目标的归一化结果。

表 3-2 随机一致性指标对照表 RI 值

q	1	2	3	4	5	6	7	8	9
RI	0.00	0.00	0.58	0.90	1.12	1.24	1.32	1.41	1.45

注：q 为矩阵阶数；RI 为平均随机一致性指标。

(2) 熵权法

熵权法(entropy weight method)相对于其他权重计算方法而言，是一种客观赋权法。其指标权重大小是由各个指标观测值所提供的信息熵大小决定的，适用于大多数指标确定权重的过程(Fu, 2019；马娟娟等, 2022)。因此，通过对不同指标的变异程度进行分析，利用信息熵这个工具，求出每个指标的权重，为功能分区空间叠置分析提供依据。在具体计算中，首先，由于熵权法计算采用的是各个区域某一指标占同一指标值总和的比值，因此，进行无量纲化处理，正向指标为公式(3-8)，逆向指标为公式(3-9)。

$$X'_{ij} = \frac{X_{ij} - X_{ij\min}}{X_{ij\max} - X_{ij\min}} \tag{3-8}$$

$$X''_{ij} = \frac{X_{ij\max} - X_{ij}}{X_{ij\max} - X_{ij\min}} \tag{3-9}$$

公式(3-8)和公式(3-9)中，X'_{ij}代表正向化后值；X''_{ij}代表逆向化后值；X_{ij}代表j区域内i指标的初始值；$X_{ij\max}$代表j区域内i指标的最大值；$X_{ij\min}$代表j区域内i指标的最小值。

其次，进行信息熵的计算如公式(3-10)和(3-11)所示。

$$e_i = -1/\log m \sum_{j=1}^{m} a_{ij} \log a_{ij} \tag{3-10}$$

$$a_{ij} = \frac{X_{ij}}{\sum_{j=1}^{m} X_{ij}} \tag{3-11}$$

公式(3-10)和公式(3-11)中，m代表评价乡镇总数，e_i代表信息熵值。

再次，计算信息熵效用价值如公式(3-12)所示。

$$g_j = 1 - e_i \tag{3-12}$$

公式(3-12)中，g_j值越大代表指标越重要。

最后，计算权重如公式(3-13)所示。

$$W_i = \frac{g_i}{\sum_{i}^{m} g_i} \tag{3-13}$$

公式(3-13)中，W_i值代表权重。

本研究在单因子评价中将 Delphi 法、熵权法与 AHP 结合，取平均值作为最后权重。

3.3 生态保护重要性空间分区方法

3.3.1 生态系统服务功能重要性评价

3.3.1.1 生态系统服务功能体系构建

生态系统服务不仅可以使人类从生态系统中获得利益，而且还是连接生态系统和人类福祉的桥梁(Fu et al., 2021),通过生态系统服务功能评价有助于识别国家公园内生态系统服务功能重要区域,为确定生态功能和保护生态环境提供重要依据(Norton et al., 2015; Pakzad and Osmond, 2016; Xu et al., 2017)。国家公园自然资源丰富,地形地貌复杂,生态系统类型多样。根据创建区的自然地理、自然资源以及社会经济等空间资源特征,构建国家公园生态系统服务功能评价体系(A),将其划分为气候调节、水源涵养、水土保持、生物多样性、社会文化5类功能(赖敏等,2013; Fu et al., 2019)。同时,对这5类服务功能进行评价,从而完成国家公园的生态系统服务功能重要性分析。本研究基于地理国情普查地表覆盖分类和生态环境特点,将国家公园生态系统类型按照陆地生态系统类型划分为森林生态系统、水域生态系统、湿地生态系统、草地生态系统、耕地生态系统和其他生态系统6类(表3-3)。在这6类主要生态系统上进行国家公园生态系统服务功能定量评价,并依据《生态保护红线划定指南》,利用ArcGIS 10.2软件,将各生态系统服务定量评价结果采用分位数方法分为4种重要性等级,包括一般重要、中等重要、重要和极重要。

表3-3 生态系统类型划分

陆地生态系统类型	地表覆盖类型
森林生态系统	灌木林地、乔木林地、其他林地
草地生态系统	天然牧草地、人工牧草地、其他草地
水域生态系统	坑塘水面、河流水面、水库水面、河流湖泊
湿地生态系统	内陆滩涂、沼泽
耕地生态系统	水浇地、旱地
其他生态系统	建筑用地、各类道路路面、其他城镇规划路面

(1)气候调节功能重要性(B1)

气候调节服务功能主要是指在各类生态系统中,利用植物的光合作用对二氧化碳进行吸收或储存,同时释放氧气,起到调节区域大气组分、减缓温室效应的功能。当前,国内外研究对气候调节功能评价尚无统一的方法标准,同一地区的相同生态类型往往也有许多不同的论述方法。考虑国家公园的生态地位及其特殊内涵发现,其在气候调节服务过程中,温度调节和湿度调节最为明显,也最为重要。因此,建立国家公园气候调节服务功能价值评价指标(表3-4)。按照下述计算方法,通过ArcGIS软件中的栅格计算,分别对温度调节[公式(3-14)]和湿度调节[公式(3-15)]进行计算,最终得到气候调节价值[公式(3-16)],并在归一化处理之后采取自然断点法进行功能重要性划分,最终得出国家公园气候调节服务功能图层。

表 3-4　国家公园气候调节服务功能评价指标

生态系统服务功能内容	自然环境服务功能类型	调节气候指标	评价方法
气候调节服务功能	调节服务	温度调节	能量替代法
	调节服务	湿度调节	成本替代法

$$Et_i = \frac{(A_i \times E_i \times \rho \times H_e)}{Q_e} \times P_c \tag{3-14}$$

公式(3-14)中，P_c代表标准煤的价格，单位为元/t(考虑换成用电价值)；Q_e代表标准煤的热值，单位为mJ/g；A_i代表第i类生态系统面积，单位为m²；E_i代表第i类生态系统单位面积的实际蒸量，单位为mm；ρ代表每立方米的空气密度，单位为kg/m³；H_e代表水的汽化热，单位为kJ/kg；Et_i代表第i类生态系统的温度调节价值，单位为元/a。

为了计算出较准确的Et_i，必须考虑海拔高度对水的蒸散影响，因此在计算温度调节功能时，H_e取90℃时水的汽化热，为2282.8kJ/kg，空气密度取国家公园年平均密度，为0.862kg/m³(刘攀峰，2010)。

$$Em_i = A_i \times E_i \times P_c \tag{3-15}$$

公式(3-15)中，A_i和E_i同上文；P_c代表每立方米的空气湿度的增加成本，单位为元/m³；Em_i代表第i类生态系统的湿度调节价值，单位为元/a。

在计算湿地调节功能中，为了较为客观地计算出Em_i，P_c以加湿器使用的正常功率32W计算，将1m³水转换为蒸汽大约需要耗电量为125kW·h(刘晓丽等，2009)，用电价按照地区居民用电价值计算。

$$Ecl_i = Et_i + Em_i \tag{3-16}$$

公式(3-16)中，Et_i代表温度调节价值，单位为元/a；Em_i代表湿度调节价值，单位为元/a；Ecl_i代表气候调节价值，单位为元/a。

(2)水源涵养功能重要性(B2)

水源涵养是指森林、草地、湿地等不同生态系统结构中，利用与水的相互作用，达到区域蓄积降雨、径流调节、洪水拦蓄、调节蒸散量以及净化水质等功能，其目的主要是补充地下水、缓解洪水侵蚀、保证水源质量、减缓河流的季节波动等。降雨、地表径流量和生态系统的类型都会对水源涵养能力产生一定的作用。以《生态保护红线划定指南》为理论基础，采用模型法进行水源涵养服务功能的计算，当前常用的方法是一种基于水的输入和输出的水量平衡方程，其在大尺度的水源涵养评价中被广泛应用。主要评价指标为水源涵养量，计算公式如下：

$$TQ = \sum_{i=1}^{j}(P_i - R_i - E_i) \times A_i \times 10^3 \tag{3-17}$$

公式(3-17)中，P_i代表年平均降水量，单位为 mm；R_i代表地表径流量，单位为 mm；E_i代表蒸散量，单位为 mm；A_i代表第i类生态类型面积，单位为 km²；TQ代表水源涵养总量，单位为 m³；i为生态系统类型；j为生态系统类型数。

其中，地表径流量是指当降雨或雪融化的程度超出了下渗的程度后，剩余的水分就会被滞留在表面无法下渗，在地面蓄积到某个程度后，雨水就会流入地势低洼处形成地表水流，并与河流、湖泊等相汇形成地表径流量。地表径流量则根据水量平衡方程中的径流换算公式来计算，计算公式如下：

$$R = P \times \alpha \tag{3-18}$$

公式(3-18)中，P代表年均降水量，单位为 mm；α代表平均地表径流系数；R代表地表径流量，单位为 mm。

不同生态类型，其对应的地表径流系数不同，参照《生态保护红线划定指南》获得(表3-5)。

表3-5 地表径流系数参照

生态系统类型	地类	地表径流系数	参考依据
森林	灌丛、乔木、针叶林等	0.0417	《生态保护红线划定指南》
草地	草甸	0.0820	《生态保护红线划定指南》
	草原	0.0478	
	草丛	0.0937	
	稀疏草地	0.1827	
水域、湿地	各类湿地、各类河湖	0.0000	《生态保护红线划定指南》
耕地	旱地	0.6800	《生态保护红线划定指南》
其他	城镇用地、未利用地	0.4700	《生态保护红线划定指南》

(3)水土保持功能重要性(B3)

水土保持是指森林、草地、湿地等不同生态系统结构中，以其自身的结构和过程来降低因水蚀而造成的土壤侵蚀，是生态系统功能和生态系统服务中重要的调节服务(张文国等，2019)。进而，水土保持功能作用是指土壤对水流搬运的适应性，其作用与土壤理化性质、土壤侵蚀因子和植被覆盖因子相关。目前，有许多关于水土流失的模型方法，例如，修正通用水土流失方程(RUSLE)、水土评估模型(SWAT)、土壤侵蚀预报模型(WEPP)、侵蚀生产力影响计算模型(EPIC)以及 NPP 法因子计算等。本研究选用《生态保护红线划定指南》中的 RUSLE 模型对创建区进行定量评估，由于它突破了以往对参数计算的复杂性，并且与地理信息系统结合，可以很好地预测土壤侵蚀。RUSLE 的水土保持服务模型评价

计算公式如下(饶恩明等,2013):

$$A_C = A_p - A_r = R \times K \times L \times S \times (1-C) \quad (3-19)$$

公式(3-19)中,A_p代表潜在土壤侵蚀量;A_r代表实际土壤侵蚀量;R代表降雨侵蚀力因子,单位为 MJ·mm/(hm²·h·a);K代表土壤可蚀性因子,单位为 t·hm²·h/(hm²·MJ·mm);A_C代表水土保持量,单位为 t/(hm²·a);L代表坡长因子;S代表坡度因子;C代表植被覆盖因子。

其中,为了表达水土保持功能空间分布,按照一定的换算方法将降雨侵蚀力因子以降水量分布计算获得;土壤可蚀性因子以土壤类型分布计算获得;地形因子和坡长因子由地形起伏度代替,地形起伏度由 DEM 计算获得;植被覆盖因子由植被覆盖度计算获得,植被覆盖度由遥感影像进行 NDVI 提取获得。根据公式(3-19),利用 ArcGIS 平台计算并进行重要性划分,最终获得国家公园水土保持功能重要性图层。

(4)生物多样性功能重要性(B4)

国家公园独特的自然环境和地理位置,孕育了独特而多样的生物多样性,在维持基因、物种、生态系统多样性方面发挥着重要作用。国家公园生物多样性保护功能与人类的生活息息相关,关联着社会的可持续发展和生态安全。生态系统对维持生物多样性的重要性主要是通过对该区域的指示物种的适应生境分布状况进行评价。本研究以生物多样性综合评价指标为依据,结合国家公园的生态环境特点,将生物物种分布、特有物种分布、保护物种分布、生态系统类型 4 种因子作为国家公园生物多样性评价指标(BD)。其中,物种分布主要反映物种丰富程度,生态系统类型反映物种对于不同生态类型和土地覆被类型生境的适宜程度。其计算公式如下:

$$BD = \sum_{i=1}^{j} BI_i \times W_i \quad (3-20)$$

公式(3-20)中,BI_i代表生物多样性评价因子;BD代表生物多样性评价指标;i代表因子类别;W为四种因子的权重,依次设置为 0.1,0.5,0.2,0.2(万本太等,2007)。

(5)社会文化功能重要性(B5)

国家公园社会文化服务中游憩功能显著。通过创建区内所涉及的游憩资源空间资源分析结果,将游憩点分布数据作为基础因子,利用 ArcGIS 10.2 软件中的分析工作、领域分析和缓冲区等工具,在游憩点空间分布基础上,以交通、城镇点分布作为缓冲判断,进行缓冲分析,获得游憩点辐射区域分布图,再以国家公园生态类型分布图作为分类因子,将游憩点辐射区域图和生态类型图进行模糊叠加分析,并进行重要性划分,构建国家公园社会文化服务功能重要性图层。

3.3.1.2 生态系统服务功能综合评价

为综合评价国家公园生态系统服务功能空间格局，识别区域重要的生态系统服务功能空间分布。利用 ArcGIS 10.2 软件中空间叠置和分析功能，采用加权叠置法进行生态服务功能重要性综合评价，在分别对气候调节、水源涵养、水土保持、生物多样性、社会文化各单因子评价结果进行重要性程度分级赋值的基础上，进一步采用客观赋权法的熵值法综合确定各类因子权重（朱家明，任筱翻，2017），通过生态系统服务功能重要性综合评估指数模型公式（3-21）（李月臣等，2013），综合计算公园内每一个空间栅格单元上的综合指数。

$$EFE_j = \sum_{i=1}^{n} E_{ij} F_i \qquad (3\text{-}21)$$

公式（3-21）中，EFE_j代表第j空间单元生态服务功能重要性综合指数；E_{ij}代表第i类因子在j空间单元生态服务功能重要性等级；F_i代表第i类因子权重值；n代表国家公园生态系统服务功能评价因子个数。

3.3.2 生态系统敏感性评价

生态敏感区是指对创建区内生态系统起着关键决定性影响的生态要素和物质区域整体的生态环境情况，通常用敏感性强弱程度来表现。在人为对该区域进行干扰时，生态系统响应人为扰动的强度，其结果表现为以其恢复原始状态的能力大小和速度而变化。生态敏感性分析实质上是对区域可能存在的生态问题进行科学辨别的过程，通过生态敏感性评价，从中识别出被干扰后难以恢复的高敏感地区，进而对生态系统采取科学的措施进行有效防护，最终达到生态系统内部稳定性。从国家公园自然地理、社会经济、自然资源等空间资源特征实际现状出发，将国家公园生态敏感性划分为以下 5 类。

①极敏感区域：该区域是整个国家公园生态环境最脆弱且最容易受到威胁的区域，当发生自然灾害或人为活动干扰破坏时，其恢复速率慢且难度大。因此，在进行功能分区时，要把该区域列为严格保护区，把生态环境的保护和综合整治工作列为该区域重点任务。

②高度敏感区域：该区域具有较高的生态敏感性和相对脆弱性，应尽可能限制人类活动的干扰，维护其原有的生态系统完整性和原真性。同时，提高该区域的生态质量和生态系统稳定性，坚持生态保护优先，加强生态系统的保护与恢复，适当开展保护监测、生态修复等必要活动。

③中度敏感区域：该区域生态系统恢复速度相对缓慢，有较好的定期科研监测和长期科学研究的基础，可作为国家公园中需要保护与适当利用区域的过渡地带，根据生态环境的变化，动态调整区域范围，科学合理地促进其生态保护和社

会经济活动。

④轻度敏感区域：该区域生态系统稳定性较强，可承受一定程度的人为干扰活动。可以开展科普教育、生态体验等活动。但是，当受干扰强度超出一定阈值后，就会造成草地退化、土地沙化、水土流失等生态损失，因此必须协调好生态保护与人类活动之间的平衡。

⑤不敏感区域：该区域生态系统稳定性强或无重要保护的生态系统，可承受较高强度的人为干扰或保护性建设项目，可以开展一些生活、生产等活动。此区域为最低级别的保护区域。

在分别完成单因子敏感性等级评价结果的基础上，利用分级赋值和空间叠置分析法，完成国家公园自然单元生态敏感性等级综合评价。

3.3.2.1 生态敏感性体系构建

在科学性、综合性和可操作性的原则下，运用 AHP 法、主导因子法、Delphi、熵值法等科学方法的思路，基于国家公园空间资源特征分析结果，建立国家公园生态敏感性评价体系。评价体系主要包括1个目标层(A)、5个准则层(B)、12个指标层(C)，并将每个指标层的因子按照"1~9 标度法"表示因子重要程度。以青海湖国家公园为例，具体分级见表3-6。

(1) 地形地貌(B1)

不同的地貌类型和母岩状态会演变成不同的生态环境，地貌是影响生态敏感性的基础因素。高程作为常见的地形表达因子之一，它对影响生态敏感性的单因子具有很大作用。青海湖国家公园从西北向东南倾斜，海拔介于 3036~5202m，最高处海拔 5202m，高程变化对气温、降水有着直接影响，对植被和土壤垂直分层作用更加显著。随着高程越高，区域的植被和土壤带垂直分层越单一，同时也降低了区域生态系统多样性。坡度用来反映国家公园中的地势的陡变，随着斜率的增大，生态系统稳定性越差，承载力下降，较大概率发生滑坡、泥石流等地质灾害。坡度因子能反映土壤问题，影响地表径流流速，一定程度上影响水土流失强度。综上，对青海湖国家公园内子准则层地形地貌(B1)的评价主要考虑地貌类型(C1)、高程(C2)、坡度(C3)3个指标。

(2) 气候与水文(B2)

青海湖国家公园属于青藏高原温带大陆性半干旱气候，处于冷区与暖区过渡地段。尤其在2—4月，受到高空西风带和东南季风带双重影响，公园内一年四季多风。强风经常导致沙尘暴和气温下降，在湖泊沿岸地区的风蚀和沙化情况较为突出。且由于"高山效应"和"湖泊效应"的作用，湖泊周围温度升高，天峻县等偏远山地区域气温降低，年平均气温-13.4℃，海拔 3800m 以上的广大区域年

表 3-6 青海湖国家公园生态敏感性自然因子赋分等级

目标层	准则层	指标层	1	2	3	4	5	6	7	8	9
生态敏感性评价体系A	地形地貌(B1)	地貌类型(C1)	中海拔平原、低海拔台地、低海拔丘陵、中海拔台地	高海拔平原、中海拔丘陵	小起伏低山、高海拔台地	中起伏中山	高海拔丘陵、极高海拔平原	极高海拔台地、极高海拔丘陵、小起伏中山	小起伏高山、中起伏低山、中起伏高山	小起伏极高山、大起伏中山、大起伏高山	中起伏极高山、大起伏高山
		高程(C2)	<2372m	2372~2765m	2765~3082m	3082~33691m	3369~36718m	3671~3943m	3943~4215m	4215~4517m	>4517m
		坡度(C3)	<5°	5°~10°	10°~15°	15°~19°	19°~24°	24°~28°	28°~32°	32°~37°	>37°
		气温(C4)	20~28℃	15~20℃	5~10℃	0~5℃	-8~0℃	-8~-15℃	-15~-20℃	-20~-30℃	<-30℃
		降水(C5)	4000~4437mm	3700~4000mm	3400~3700mm	3000~3400mm	2800~3000mm	2600~2800mm	2500~2600mm	2400~2500mm	2344~2400mm
	气候与水文(B2)	河流(C6)	距离河流≥10km	—	距离河流中心线建7~10km缓冲区	—	距离河流中心线建5~7km缓冲区	—	距离河流中心线建立2~5km缓冲区	—	距离河流中心线建立0~2km缓冲区
		湖泊(C7)	距离湖泊>20km	—	距离湖泊建立15~20km缓冲区	—	距离湖泊建立10~15km缓冲区	—	距离湖泊建立5~10km缓冲区	—	距离湖泊建立0~5km缓冲区
	植被条件(B3)	植被类型(C8)	温带落叶灌丛、亚高山落叶阔叶灌丛、温带丛生禾草典型草原	寒温带和温带山地针叶林、亚高山常绿针叶灌丛	寒温带、温带沼泽、温带盐草类草甸、丛生禾草草甸、高寒嵩草草甸	一年一熟短生育期喜寒作物（无果树）、高寒禾草莎草草原	温带禾草盐、矮半灌木荒漠	高山稀疏植被、高寒垫状矮半灌木荒漠	其他（不透水面）	—	—
		植被覆盖度(C9)	>6500km²	5000~6500km²	4100~6500km²	3000~4100km²	1500~3000km²	500~1500km²	400~500km²	150~400km²	<150km²

目标层	准则层	指标层	1	2	3	4	5	6	7	8	9
生态敏感性评价体系A	植被条件（B3）	植被净初级生产力（C10）	>337g/(m²·a)	271~337g/(m²·a)	217~271g/(m²·a)	167~217g/(m²·a)	124~167g/(m²·a)	87~124g/(m²·a)	54~87g/(m²·a)	23.9~54g/(m²·a)	<23.9g/(m²·a)
	土壤状况（B4）	土壤类型（C11）	—	黑钙土、淡黑钙土、栗钙土、黑毡土、棕黑毡土、湿黑毡土	草甸栗钙土、沼泽土、草甸沼泽土黑毡土	潜育草甸土、腐泥沼泽土	石灰性草甸土、草毡土、棕草毡土	冲积土	淡寒钙土、草原风沙土	冷钙土、石质土	钙质石质土、碱化盐土、寒冻土
	生物多样性（B5）	生物多样性（C12）	—	—	—	—	青海湖国家级自然保护区试验区	青海湖国家级自然保护区缓冲区、天峻山省级风景名胜区	刚察沙柳河国家湿地公园、天峻布哈河国家湿地公园	青海湖国家级自然保护区核心区、普氏原羚重要栖息地	

平均气温在-2.6℃。区域内复杂多变的气候状态使得气候因子成为生态敏感性分析的重要因子，因此，将气温因子(C4)和降水因子(C5)作为衡量公园内气候条件的指标。青海湖国家公园属于高原半干旱内流水系，西北区域的水系较好，东南区域河网稀疏，流入青海湖的大小河流有70余条，呈明显的不对称分布，集水面积大于300m²的主要支流有17条，大部分为季节性河流。水体具有调节小气候，提高生态环境质量，为野生动植物提供栖息地，以及对公园生物多样性有效保护等作用。但是近年来，青海湖水位呈上升趋势，水利部发布的《中国水资源公报(2019)》显示，青海湖蓄水量增加17.0亿 m³，沿湖潜在淹没区的草地和牧民点将受到威胁。自2004年以来，鸟岛地区海岸线后退距离最为严重，淹没面积达97.94km²，严重影响了周边的鸟类生境。特别是，环青海湖地区所有的国有农(牧)场多年来规模化种植，氮、磷对土壤污染越来越严重，继而对青海湖国家公园水生态环境点源与面源造成污染。与此同时，主要河流布哈河、沙柳河等近年来径流量显著增加，出现了一系列河道淤积、边坡塌陷、河道侵蚀等问题，阻碍了支流流水顺畅流入主干河，影响裸鲤洄游产卵的水生环境以及入湖水量。因此，针对青海湖国家公园水体的具体情况，距离青海湖和河流越近的区域，其生态敏感性越强。对公园的河流(C6)和湖泊水面(C7)进行缓冲叠加分析来反映流域内的水体对生态敏感性的影响强度。对青海湖国家公园内准则层气候与水文(B2)的评价主要考虑气温因子(C4)、降水因子(C5)、河流缓冲区(C6)、湖泊缓冲区(C7)4个指标。

(3) 植被条件(B3)

青海湖国家公园地处青藏高原东北边缘，属于东亚植物区的青藏高原植物亚区，唐古特地区的祁连山亚地区，复杂多样的地形、气候、水文等条件导致公园内的植被类型多样，分布的种子植物有70科265属754种及24亚种或变种，分别占青海相应植物资源种类的74.47%、47.58%和30.20%(变种或亚种占8.90%)。在创建区的植物区系构成中，植物种类较多的科包括菊科(Asteraceae)、禾本科(Poaceae)、豆科(Fabaceae)、龙胆科(Gentianaceae)、莎草科(Cyperaceae)、玄参科(Scrophulariaceae)、毛茛科(Ranunculaceae)和蔷薇科(Rosaceae)等，众多的植被类型对创建区具有防风固沙、水土保持、水源涵养和气候调节等作用。植被类型(C8)是一个区域生物系统多样性和稳定性的具体体现，植被类型越丰富，植物种类就越多，区域的自身调节能力和抗干扰性将会更好，区域的生态敏感程度就越高。植被覆盖度(C9)是衡量该区域植被占比数量以及植被资源丰富程度的重要指标。植被净初级生产力(C10)作为地表碳循环的重要组成部分，是指在自然环境状态下植被群落的生产能力，代表陆地生态系统的质量状况。因此，可以从植被覆盖度和植被净初级生产力两个指标对植被条件进一步分析。对青海湖国家公园内准则层植被条件(B3)的评价主要考虑植被类型(C8)、植被覆盖度(C9)、植被净初级生产力(C10)3个指标。

(4)土壤状况(B4)

土壤的形成与生物的生存密切相关，土壤既可以为植物的生长和繁殖提供养分，又可以为土壤动物提供适宜的栖息地。青海湖国家公园四周皆山，相对高差2000m左右，从湖边到四周分水岭，地势不断抬升，生物、气候条件也随着出现差异，土壤的形成受地形、生物、气候的直接影响，具有垂直分带和区域水平分布规律，主要有黑钙土、栗钙土、黑毡土、草甸栗钙土、沼泽土、草毡土、草原风沙土、石质土、碱化盐土、寒冻土等。不同类型的土壤在陆地生态系统中的作用有所不同，表现为土壤有机质含量、雨水涵养能力、养分循环能力、生物扰动性、稳定和缓冲环境变化能力等性能差异，不同土壤类型表现出来的生态敏感性也不同。因此，对于青海湖国家公园内准则层，选择土壤状况(B4)以及土壤类型(C11)作为评价因子。

(5)生物多样性(B5)

青海湖国家公园复杂多样的地形、水文、气候等条件导致公园内的植被类型多样，是青藏高原生物多样性最为富集的地区之一，素有"青藏高原基因库"的美誉；同时，也是青藏高原生物多样性的重要区域。经调查统计，创建区内共有兽类6目15科39种，鸟类17目46科271种，两栖爬行类3种，鱼类6种，这些脊椎动物组成和种群结构有力地促进了森林、荒漠生态系统的健康和稳定。生态系统对维持生物多样性的重要性主要是通过对该区域的旗舰物种的适应生境分布状况进行评价。青海湖国家公园内现有青海湖国家级自然保护区、刚察沙柳河国家湿地公园、天峻布哈河国家湿地公园、普氏原羚重要栖息地等自然保护地，准则层生物多样性(B5)的生态敏感性评价将在原自然保护区、湿地公园以及重要栖息地的核心区、缓冲区、实验区的3个圈层范围作为评价基准。

3.3.2.2 生态敏感性综合评价

青海湖国家公园生态敏感性评价体系中的12级单因子指标，在1~9级分级的基础上对照生态敏感性等级划分标准(表3-7)，得到青海湖国家公园单因子生态敏感性等级评价体系。通过单因子生态敏感性在ArcGIS 10.2重分类赋值的支持下完成自然单元评价，最终得到单因子的生态敏感性等级评价结果与空间分布格局。

表3-7 青海湖国家公园生态敏感性单因子评价体系分级

生态敏感性因子	不敏感区	轻度敏感区	中度敏感区	高度敏感区	极敏感区
地貌类型	1	2、3、4	5	6、7	8、9
高程	1、2、3	4、5	6	7	8、9

(续)

生态敏感性因子	不敏感区	轻度敏感区	中度敏感区	高度敏感区	极敏感区
坡度	1	2、3	4、5	6、7	8、9
气温	1、2	3、4	5、6	7、8	9
降水	1、2	3	4、5	6、7	8、9
河流	1	2、3	4、5	6、7	8、9
湖泊	1	2、3	4、5	6、7	8、9
植被类型	1、2	3、4、5	6、7	8	9
植被覆盖度	1、2、3	4、5	6、7	9	9
植被净初级生产力	1	2	3、4、5	6、7	8、9
土壤类型	1、2	3	4、5	6、7	8、9
生物多样性	1	2、3	4	5	6

利用 ArcGIS 10.2 软件中空间叠置和分析功能，在专家支撑、理论分析的基础上，综合 AHP-熵值法、Delphi 等科学方法（范树平等，2011；Zhuang et al., 2022），科学合理确定各图层影响因子权重，将青海湖国家公园内的 12 个单因子图层与各因子对应权重值进行加权叠置分析，通过生态敏感性综合指数计算公式[公式(3-22)]，识别区域重要的生态敏感区域空间分布，综合评价公园内生态敏感性强度。

$$ES_j = \sum_{i=1}^{n} E_{ij} S_i \qquad (3\text{-}22)$$

公式(3-22)中，ES_j 为 j 空间单元生态敏感性综合指数；E_{ij} 为第 i 类因子在 j 空间单元生态敏感性等级；S_i 为第 i 类因子权重值；n 为青海湖国家公园生态敏感性评价因子个数。

3.4 人类活动干扰强弱性空间分区方法

3.4.1 人类活动干扰指标构建

当下，很少有国家公园生态系统没有受到人类活动的影响，人类活动在国家公园内和周围的存在往往威胁其生态安全格局。在某些情况下，尽管处于受保护状态，但还是导致生态系统的衰退（Wan et al., 2015；Han et al., 2020）。人类活动强度、不同的土地利用类型以及国家公园内的经济活动在一定程度上影响了青海湖国家公园生态安全格局。以青海湖国家公园为例，基于社会经济空间资源特征,选取对青海湖国家公园生态系统影响较大的人类活动干扰指标(表3-8),即人口密度、畜牧业、工业、交通、土地利用类型等指标构建人类活动干扰评价体系(A)。

表 3-8 青海湖国家公园人类活动干扰评价体系分级

目标层	准则层	指标层	重度干扰	高度干扰	中度干扰	轻度干扰	无干扰
人类活动干扰评价体系(A)	人口规模(B1)	人口密度(C1)	>3000人	1000~3000人	500~1000人	<500人	无人区
		畜牧业(C2)	>25万头	20万~25万头	10万~20万头	5万~10万头	<5万头
	经济发展(B2)	工业(C3)	0~5km	5~10km	10~20km	20~30km	>30km
		交通(C4)	0~2km	2~5km	5~10km	10~20km	>20km
	社区建设(B3)	土地利用(C5)	城镇住宅用地、农村宅基地、交通服务场站用地、工业用地等建设用地	公园与绿地、广场用地、科教文卫用地等公共用地	旱地、水浇地、田坎、果园等耕地	天然牧草地、其他草地	灌木林地、乔木林地、其他林地

3.4.1.1 人口规模(B1)

人口密度作为人类活动干扰因子的基础参考指标(Müller et al.,2015),用来衡量人类活动对国家公园生态系统的干扰程度,人口密度高的区域,干扰性越大,反之越小。创建区将行政乡镇人口数量作为评价指标基本单元,通过乡镇范围内每平方千米内承载的人口数量,来计算人口密度。创建区内人口分布呈现西少东多、北少南多的趋势。环青海湖一周人口分布较密集,大多在1000人以上。人口大于3000人的区域集中在天峻县县城和刚察县县城,人口1000~3000人的区域集中在共和县和刚察县,而人口小于500人的区域集中在天峻县和海晏县。在天峻县西北的曲尕追牧委会公园内无人口分布,海晏县金滩乡和三角城的共用草场公园内也无人口分布。综上,青海湖国家公园内人口规模(B1)主要以人口密度(C1)作为评价因子。

3.4.1.2 经济发展(B2)

青海湖国家公园范围内多数耕地长期处于低产水平,牧业产值在公园内占有较大比重,畜牧业作为公园内第一产业的典型代表。因此,将行政乡镇的牲畜总存栏数作为评价指标,计算乡镇范围内每平方千米内牲畜存栏数,用来衡量牧业发展对区域生态系统的干扰程度。从畜牧养殖的数据来看，创建区内牲畜养殖以羊为主，占总牲畜数量的85.02%，牛、马，其他分别占13.96%、0.99%和0.03%。其他牲畜仅在海晏县，主要为鸡、猪等。

工业用地的布点在空间格局上反映了第二产业对生态安全格局的影响，揭示出工业活动对生态环境的干预状况。创建区范围内共有各类规模以上企业32家，其中，规模以上工业企业19家(国有企业2家、股份制企业1家、集体经营企业1家、私营企业15家)，有2家年主营业务收入达到1亿元以上，为煤炭采选洗选企业和普通货物道路运输企业，均在天峻县。因此，以工业点数据为基础，根据不同缓冲距离衡量工业发展对生态系统的干扰程度。

综上，青海湖国家公园内的经济发展(B2)主要以畜牧业(C2)和工业(C3)为评价指标。

3.4.1.3 社区建设(B3)

不同的土地利用类型反映了人类对公园内土地的使用状况以及不同类型地类的生态状况。土地利用强度揭示了在空间格局上人类活动对土地属性的影响。一般而言，土地的属性越注重开发建设，其人类活动强度越高，对生态环境的敏感性也就越低。以青海省第三次国土调查数据为基础，采用对象分类的方法，提取住宅用地、商服用地、工矿仓储用地、交通运输用地、公共管理与公共服务用地、耕地、园地、草地等涉及人类活动的斑块，并将提取的数据与草原资源调查数据进行叠加融合。根据不同的地类、草原退化程度等划分为重度干扰、高度干扰、中度干扰、轻度干扰和无干扰5个干扰类型，同时，将重度干扰外围1km以内区域划定为高度干扰区域，重度干扰外围1~2km的区域和高度干扰1km以内区域划定为中度干扰区域，以同样方式划定轻度干扰区域，最终形成人类活动干扰强度图层。

道路交通表明交通基础设施和相关人口密度对周围生态环境的影响(Radford et al.，2019)，干扰的强度随着距离的减小而增大，距离越近干扰强度越大。因此，按照不同缓冲距离划分干扰性等级：2km内缓冲距离为重度干扰，2~5km缓冲距离为高度干扰，5~10km缓冲距离为中度干扰，10~20km缓冲距离为轻度干扰，20km以上缓冲距离为无干扰。

综上所述，综合考虑青海湖国家公园内各类人类活动干扰程度，通过ArcGIS 10.2软件表面分析、缓冲分析、叠置分析等空间分析方法对人类活动干扰各项指标栅格数据进行处理。

3.4.2 人类活动干扰综合评价

青海湖国家公园人类活动干扰综合评价体系以5个单因子指标为基础，由于不同的干扰指标具有不同的量纲,需对各指标图层进行标准归一化处理,并采用客观赋权法的熵权法综合确定各类因子权重,对各图层进行权重计算,通过人类活动干扰综合评估指数模型(马昕炜和曾永年,2011),计算公园内的人类活动干扰强度(朱家明和任筱翱,2017;Zhou et al.,2021),进而识别公园内人类活动强度空间格局分布。

$$HDI = \sum_{i=1}^{n}(X_i \times W_i) \quad (3-23)$$

公式(3-23)中,HDI 表示人类活动干扰强度值;X_i 表示第 i 个指标归一化值(n 为指标个数);W_i 表示第 i 个指标的权重。

3.5 游憩资源等级及空间潜力评价

3.5.1 游憩资源等级评价

3.5.1.1 评价指标体系构建原则

首先,根据《旅游资源分类、调查与评价》(GB/T 18972—2017)以及《国家公园资源调查与评价规范》(LY/T 3189—2020)等标准,确定国家公园游憩资源评价指标属性和分类。其次,通过实地调查和资料收集等方式,获得游憩资源点较为全面、空间位置较为准确的一手数据。最后,始终坚持科学性、实用性原则,在依据资源特性分析的基础上,选取具有空间形态稳定的实体游憩资源和物质文化资源属性的资源单体作为评价对象,在资源类型中选取了地文、生物、水域、天象与气候等景观这类空间形态稳定的实体游憩资源,而非物质文化遗产等空间形态不稳定的事物和现象不作为本书评价对象。

3.5.1.2 评价指标选取

在实地调查的基础上,对国家公园内的游憩资源进行分类统计。结合相关游憩资源文献和专家咨询,将评价模型设置为4个评价层:综合评价目标层 A 和影响生态旅游保护性利用的影响因子制约层 B1~B3(物质文化资源质量、环境特征和开发条件)。在制约层的基础上,将三者进一步细分为要素层 C1~C9 及其指标评价层 D1~D28(赵力等,2021)(表3-9)。应用 AHP 法、Delphi 法等方法(赵力等,2021),构建评价层次结构模型,结合游憩资源评价分值标准确定各要素层和评价层权重(表3-10),从而得出指标的评价结果,进一步识别不同质量等级的国家公园游憩资源,并将国家公园游憩资源保护与保护性利用理念贯穿始终。

表 3-9　国家公园游憩资源评价指标类型

目标层(A)	制约层(B)	要素层(C)	指标层(D)
生态游憩资源综合评价(A)	物质文化资源质量(B1)	人文特色(C1)	历史文化价值(D1)
			景点知名度(D2)
			保护力度(D3)
		旅游功能和价值(C2)	生态资源完整度(D4)
			生态资源独特性(D5)
			生态资源多样性(D6)
			生态资源科学度(D7)
			生态资源利用度(D8)
		资源种类分布(C3)	规模化程度(D9)
			组合条件(D10)
			聚集度(D11)
	环境特征(B2)	生态环境(C4)	环境完整性(D12)
			环境适宜度(D13)
			生态安全保障水平(D14)
		科研教育(C5)	讲解设施完整性(D15)
			环境教育活动(D16)
		健康(C6)	步行适宜性(D17)
			自然体验(D18)
		社会、经济条件(C7)	旅游区安全性(D19)
			基础配套设施完整性(D20)
			旅游设施完整性(D21)
			地理位置(D22)
	开发条件(B3)	区域位置条件(C8)	生态游憩资源面积(D23)
			交通可达性(D24)
			周边旅游区相互影响情况(D25)
			旅游适宜期(D26)
		客流来源(C9)	客流量(D27)
			游客消费水平(D28)

表 3-10 国家公园游憩资源评价分值标准

评价指标	评价依据	1~2分	3~4分	5~6分	7~8分	9~10分
历史文化价值(D1)	历史久远性	清朝之后	元清之间	宋元之间	唐宋之间	唐代之前
景点知名度(D2)	知名程度	较低	一般	中等	较高	非常高
保护力度(D3)	保护措施完善度	较低	一般	中等	较高	非常高
生态资源完整度(D4)	生态资源完整程度	<30%	30%~50%	50%~70%	70%~90%	>90%
生态资源独特性(D5)	生态资源典型性	较低	一般	中等	较高	非常高
生态资源多样性(D6)	生态资源类型数量	<4类	4~6类	6~8类	8~10类	>10类
生态资源科学度(D7)	生态资源科普教育价值	<50种	100种左右	200~300种	300~500种	>500种
生态资源利用度(D8)	生态资源可利用程度	较低	一般	中等	较高	非常高
规模化程度(D9)	规模指数	低	一般	中等	很大	非常大
组合条件(D10)	多样性指数	不合适	较合适	合适	很合适	非常合适
聚集度(D11)	聚合度指数	差	一般	好	很好	非常集中
环境完整性(D12)	生态干扰度指数	非常高	较高	中等	一般	较低
环境适宜度(D13)	大气/地面水/土壤质量	差	一般	较好	好	整体很高
生态安全保障水平(D14)	生态污染情况	较严重	有污染	轻微污染	不影响	无污染
讲解设施完整性(D15)	讲解设施分布密度	较低	一般	中等	较高	非常高
环境教育活动(D16)	环境教育活动数量(次/a)	<5	5~10	10~15	15~20	>20
步行适宜性(D17)	步道网络密度(km/km^2)	<50	50~100	100~150	150~200	>200
自然体验(D18)	自然体验状况	差	一般	中等	好	非常好
旅游区安全性(D19)	自然地质灾害状况	易发	偶发	中等	较少	稀少
基础配套设施完整性(D20)	基础设施分布密度	较低	一般	中等	较高	非常高
旅游设施完整性(D21)	旅游设施数量和类型	较低	一般	中等	较高	非常高
地理位置(D22)	与城中心的距离	脱离区域城市中心	>500 km,距离远	250~500 km,处于路边线上	100~250 km,处于节点位置	<100 km,位于中心地区

（续）

评价指标	评价依据	1~2分	3~4分	5~6分	7~8分	9~10分
生态游憩资源面积(D23)	游人可进入面积(km²)	<1	1~5	5~10	10~50	>50
交通可达性(D24)	景区周边交通路网密度(km/km²)	<0.1	0.1~0.5	0.5~1	1月5日	>5
周边旅游区相互影响情况(D25)	与附近旅游异同	相似度高	相似度较高	互为补充	相似度较低	相似度低
旅游适宜期(D26)	年适宜旅游月份数量(月/a)	<1	1~2	2~4	4~10	>10
客流量(D27)	年客流量(人次/a)	<1×10⁴	1×10⁴~5×10⁴	5×10⁴~20×10⁴	20×10⁴~50×10⁴	>50×10⁴
游客消费水平(D28)	年游客消费水平(元/a)	<100×10⁴	100×10⁴~500×10⁴	500×10⁴~2000×10⁴	2000×10⁴~5000×10⁴	>5000×10⁴

3.5.1.3 评价结果定级

基于各影响因子的权重，通过分析专家问卷调查和实地调查得来的数据，对评价模型中各层级对应影响因子进行取值赋分，采用加权综合指数法［公式(3-24)］(彭立圣和牟瑞芳，2006)，计算各游憩资源景点指标权重，最终可得综合评价结果(满分10分)(赵力等，2021)。

$$E_n = \sum_{i=1}^{n} p_i o_i \tag{3-24}$$

公式(3-24)中，E_n代表第n个游憩资源点最后得分；p_i代表第i个基层因子权重；o_i代表第n个景点第i个因子评分，即可对各游憩资源点进行综合评价。

基于各影响因子的权重，对游憩资源的评价指标进行等级赋分。赋分区间为0~10分，1~2分为一级游憩资源，3~4分为二级游憩资源，5~6分为三级游憩资源，7~8分为四级游憩资源，9~10分为五级游憩资源。综合得分越高，资源等级越高(五级为特品级游憩资源，三级、四级为优良级游憩资源，二级及以下为普通级游憩资源)。

3.5.2 游憩资源空间潜力评价

游憩资源空间潜力是国家公园作为国土空间未来发展潜力评价的重要内容，也是衡量国家公园全民共享潜力的重要方面。游憩资源空间潜力是指在有或无人类活动影响的情况下，能够使其具有一定的生态体验的潜能。游憩资源空间潜力包括两个层面含义：一是游憩资源群整体空间利用潜力，其是区域资源竞争优势的集中体现；二是游憩资源群不同级别游憩资源个体空间利用潜力，属于区域内游憩资源单体空间潜力范畴。通过 GIS 空间分析将国家公园内自然资源和人文资源等级评价进行归类并建立不同缓冲区，根据等级划分不同，合理确定不同级别影响因子权重进行叠置分析，对自然资源和人文资源进行空间潜力评价。利用自然断裂点方法将游憩资源分成 5 类，依次为特级游憩资源群、优良级游憩资源群、中等级游憩资源群、次级游憩资源群和较差级游憩资源群，空间潜力依次减弱。其计算公式如下：

$$K(x) = \frac{1}{nd}\sum_{i=1}^{n}a\left(\frac{x-X_i}{d}\right) \qquad (3\text{-}25)$$

公式(3-25)中，n 代表 K 的总体中抽取的样本，估计 K 在某点 x 处的值 $K(x)$；$a\left(\frac{x-X_i}{d}\right)$ 为核函数；$x\text{-}X_i$ 代表估计点到事件点 X_i 的距离；d 代表带宽（$d>0$）。

通过分析过程，密度类型选取"核密度"，面积单位选择 km^2，最终生成空间潜力预测分析图。

4 实证案例：青海湖国家公园创建区功能区划及管控策略

4.1 研究区域概况

4.1.1 研究对象

本研究以青海湖国家公园创建区为研究对象，包括整个青海湖流域（北纬 36°17′43.58″~38°19′16.20″，东经 97°48′55.70″~101°11′24.88″，图 4-1），位于世界"第三极"中国青海省，四周被大通山、日月山、天峻山、库库诺尔岭环绕，是全球重要的生态功能区和重要生态安全屏障（Fan et al., 2019），是一个封闭完整的自然社会复合体和中国生物多样性保护优先区域之一，也是中国面积最大的高原内陆咸水湖。公园东西最长约 300km，南北最宽约 220km，总面积为 29 661km²，青海湖裸鲤（又称湟鱼）和普氏原羚是该区域的旗舰物种（图 4-2）。

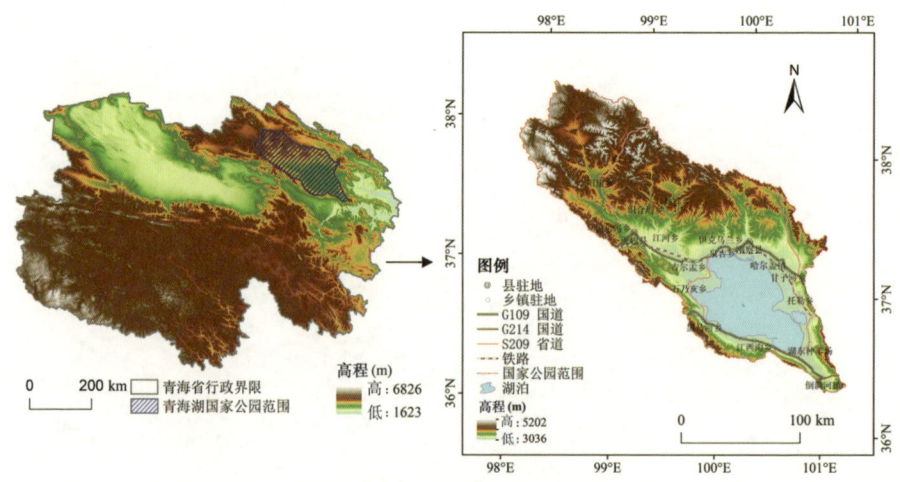

图 4-1 青海湖国家公园地理位置

图 4-2 青海湖国家公园地域旗舰物种

注：a. 普氏原羚；b. 青海湖裸鲤。

4.1.2 自然地理特征

4.1.2.1 地形地貌

地形地貌特征是地理空间信息的基础，通过数字高程模型（DEM）提取高程、坡度、坡向、山体走向等特征构成形态与分布多样的地表景观（张锦明和游雄，2013），其对优先保护区域的空间识别、保护方式、利用程度等具有主导作用。为了提取创建区的地貌因子，采集精度较高的 30m 分辨率 DEM 进行空间分析。整体来看，青海湖国家公园地处中祁连岩浆弧、疏勒南山—拉脊山蛇绿混杂带和南祁连岩浆弧 3 个地质构造单元及多条深断裂的交汇部位，是一个呈西北—东南走向的封闭式山间内陆盆地。根据地形地势特征，青海湖国家公园地貌可分为山区和湖盆区两大类，整个公园近似梭形，被海拔 4000~5000m 的群山环抱；公园内部地势外陡内缓、从西北向东南倾斜，海拔介于 3036~5202m，最高处位于公园北部大通山西段的仙女峰，公园东南部的青海湖区域海拔最低（图 4-3）。

除此之外，公园范围内青海湖到周围群山之间分布着宽窄不一的山地、丘陵、平原等地貌，形成了以青海湖为中心的环形带状空间布局。由于青海湖国家公园处于封闭式山间内陆盆地，因此在地质构造及流水的共同作用下，青海湖国家公园内形成了众多平原地貌，典型地貌主要有山前冲洪积倾斜平原、河谷带状冲积平原、湖积平原等类型，地貌类型复杂多样且呈环带状分布。公园内山地面积最大，多数位于公园北部和西部，约占公园总面积的 55.38%，丘陵和平原面积相对较小，约占公园总面积的 28.70%，主要分布于河流下游和青海湖周围（图 4-4）。

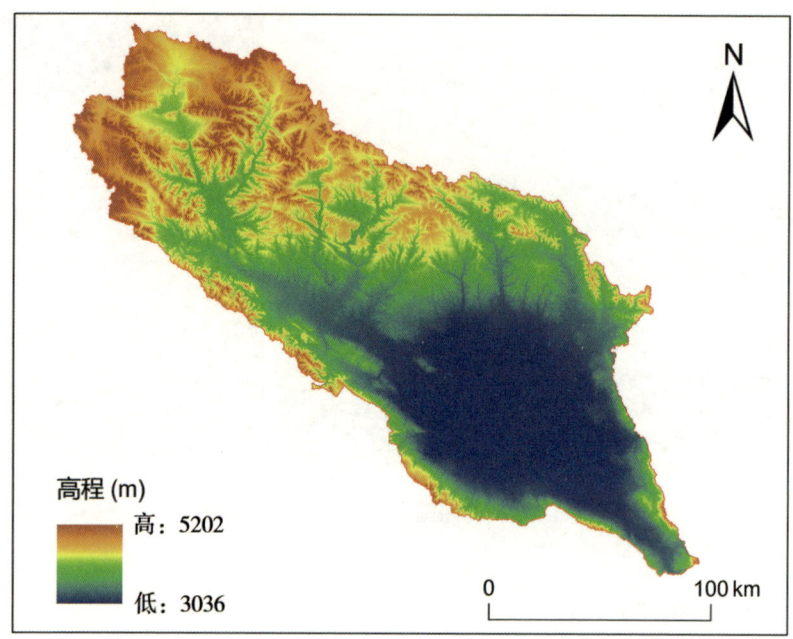

图 4-3 青海湖国家公园地势

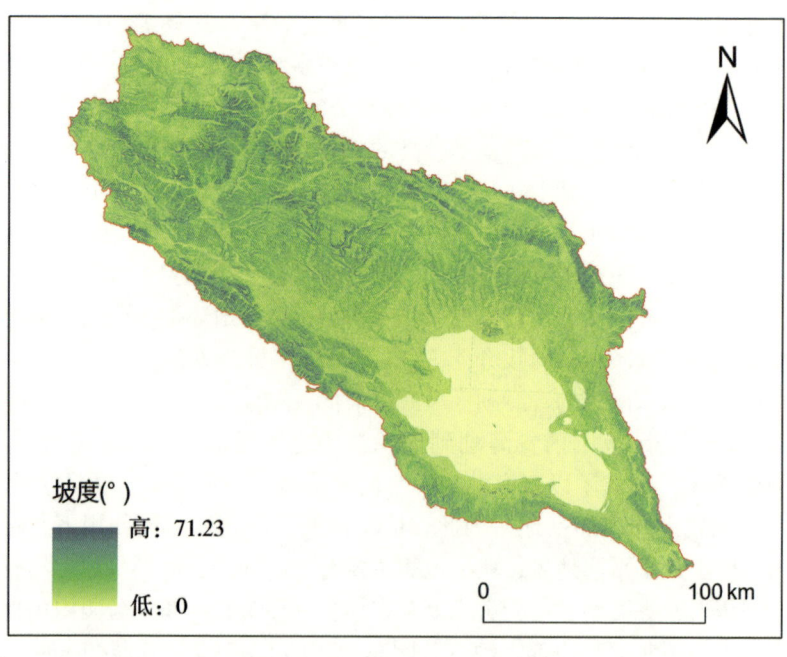

图 4-4 青海湖国家公园坡度

4.1.2.2 气候气象

青海湖国家公园处于青藏高寒区、西北干旱区以及黄土高原的过渡地带,属于典型的半干旱温带大陆性气候。气候条件总体上寒冷期长、温暖期短、春季多大风和沙暴,并且由于青海湖的"湖泊效应"呈现出独特的区域性气候特征,终年没有明显的四季之分,干旱少雨且干湿季分明。由于公园东部和南部气温稍高、西部和北部稍低,因此具有气温垂直变化明显,昼夜温差显著等气候特征。

由于青海湖国家公园范围内的气象站点仅有一个刚察站,不能较好地分析区域内的气候空间特征。因此,对站点范围进行了扩充,选择了青海湖国家公园及周围的11个站点,通过Excel软件计算出区域多年平均的降水量和气温,然后利用ArcGIS软件将平均数据与站点的点图层数据相连接,选择红盒子工具箱里空间分析(Spatial Analyst)工具中插值(Interpolate to Raster)选项,利用克里金插值法得到多年平均气温和降水量栅格图层,最后利用青海湖国家公园范围进行裁切以得到公园范围内的气温和降水数据。从图4-5可以看出,公园内气温呈东南向西北逐渐降低的趋势,年平均温度主要取决于海拔高度。其中,年最低温度位于天峻县西北部,海拔大约5000m,气温为-9.2℃;年平均最高温度位于共和县北部,海拔大约3000m,气温为2.3℃,公园内年平均气温为-2.6℃。

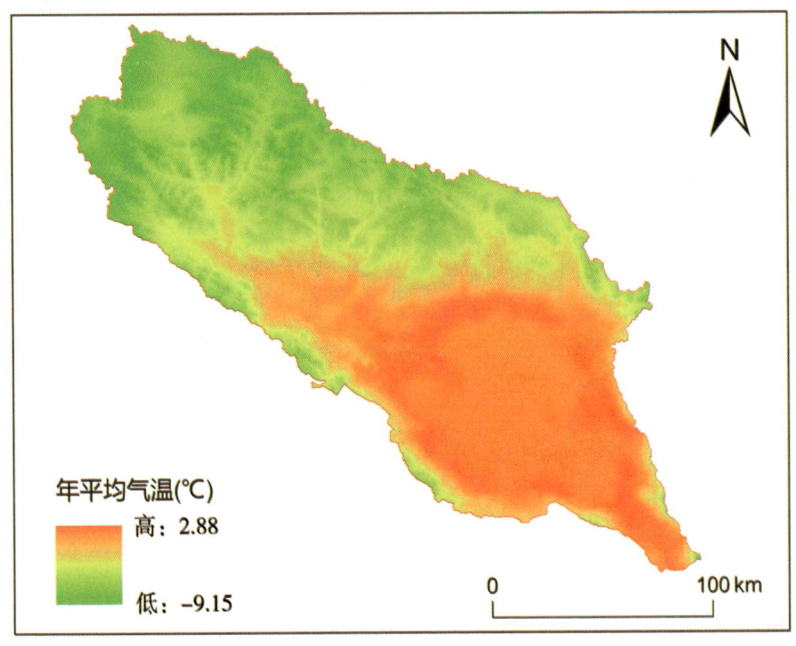

图4-5 青海湖国家公园年平均气温分布

从图4-6可以看出，公园年降水量分布基本上是由东北方向向西南方向呈逐渐递减的趋势。刚察县和海晏县的东北部在雨季时，由于地势的上升，很可能会形成云雾，年降水量在500mm以上，此后水汽就会慢慢地往西部区域退去，至共和县和天峻县中部山峰，降水又有所回升，再向西南，降水达到最低。年降水量最大处位于海晏县，年平均降水量520mm；而最低处位于天峻县疏勒河两岸，年平均降水量低至251mm。总体来看，青海湖国家公园降水量分布不均，气温和降水差异明显。

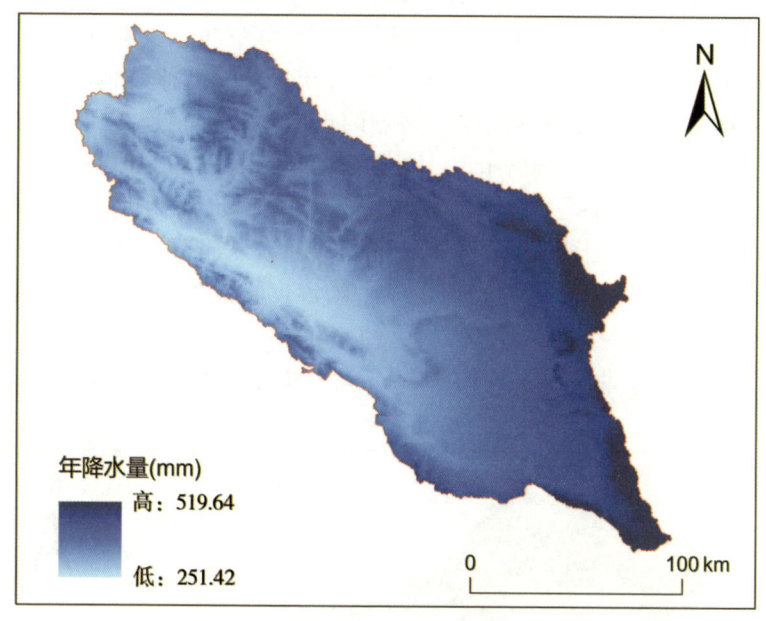

图4-6 青海湖国家公园年降水量分布

除此之外，公园内常年多风且强劲。夏、秋季盛行东风或东南风，冬、春季以偏西风为主，风速由东南向西北方向递增，年平均风速为3.2~4.4m/s，风速在3—4月最大，12月、1月最小。总体上，公园风速先由东南随海拔的增加而增大，而后越过高海拔地区到共和盆地后风速逐步降低。青海湖环湖地带存在明显湖陆风现象，区域小气候特点明显。从图4-7可以看出，公园全年晴多云少，日照时数多，太阳辐射强。托勒日照时数峰值出现在10月，谷值出现在1月；刚察和共和峰值出现在4月，谷值出现在9月。刚察和共和峰值之所以出现在4月，是因为该区域还未到雨季，云雨比较稀疏，且太阳高度角比较高，因此日照充足。托勒峰值出现在10月，是由于9月雨季刚过，秋高气爽，日照充足，9月是连续多云、多雨高频时段，因此日照时数较低。托勒在1月日照时数为谷底，是由于太阳高度角比较低，月份日照时数少所造成的。

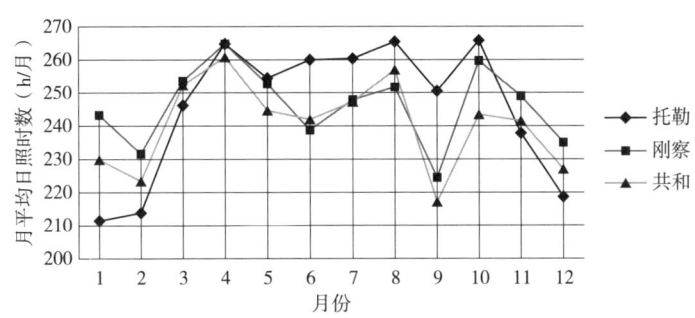

图 4-7　托勒、刚察、共和月平均日照时数变化曲线

4.1.2.3　水文特征

青海湖国家公园属于高原半干旱内流水系，拥有大小河流 70 余条，水系众多且多为季节性河流。大部分的河流都是从青海湖周围的群山开始，然后在中央汇集，最后汇入青海湖，空间分布不均匀。通过收集资料、统计整理、现地补充调查、空间矢量化等方法，识别青海湖国家公园湖泊和河流的水文特征和空间分布。总体来看，分布于青海湖西北河源地区的湖泊皆为淡水湖，东部的湖泊是从青海湖分离出来的子湖，大部分为咸水湖。集水面积大于 0.30km² 的主要支流有 17 条（表 4-1），主要分布在青海湖西北部高海拔的河流发源地，以及位于青海湖东侧的相连的区域，大部分为季节性河流。主要河流有倒淌河、布哈河、泉吉河、黑马河、沙柳河和哈尔盖河，布哈河是公园内最大的入湖径流（图 4-8）。除此之外，青海湖周围有 4 个卫星湖，从北向南分别是尕海、新尕海、海晏湾和耳海。

表 4-1　青海湖国家公园大于 0.3km² 的支流统计

湖名	所在地	地理位置		面积 (km²)	备注
		东经	北纬		
措那日阿玛	天峻县	98°07′	38°05′	4.20	
措尕尔当		99°09′	38°00′	0.75	
措隆卡		98°17′	38°00′	5.50	
措额勒		99°01′	37°57′	0.92	
措洋冲		99°03′	37°54′	1.90	共 6 个湖
茶果勒洼尔玛	刚察县	99°19′	37°19′	0.38	
天棚纳日根		99°16′	37°16′	0.40	
塔果日		99°40′	37°07′	0.55	

(续)

湖名	所在地	地理位置		面积（km²）	备注
		东经	北纬		
措琼	海晏县	99°44′	37°08′	0.90	
错褡裢		100°28′	37°04′	0.45	
扎吴拉错		100°30′	37°03′	0.65	
措倾我立布		100°34′	37°00′	48.8	俗称尕海
沙岛湖		100°31′	36°53′	33.0	
海晏湖		100°43′	36°49′	110.6	
错果	共和县	100°44′	36°34′	6.29	俗称耳海
一郎剑小湖		100°22′	36°39′	0.99	俗称小海
青海湖		99°36′~100°46′	36°32′~37°15′	4486.1	

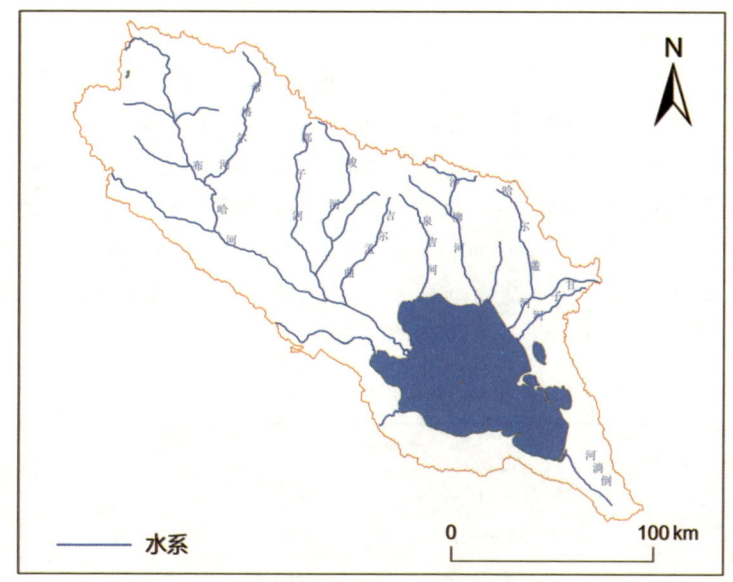

图4-8 青海湖国家公园水系分布

随着全球气候持续变暖，气候暖湿化促进湖面上升。1961—2018年，青海湖国家公园年平均气温每10年升高0.4℃；年平均降水量每10年增加14.5mm；年平均风速降低；暴雨日数显著增多。受降水量增加和气候暖湿化影响，青海湖水位、湖面积有继续上升和扩张趋势。1956—2020年，青海湖水位总体呈先下降后上升的趋势，2004年是青海湖水位和面积变化的转折年，2005年水位开始止跌回升。截至2020年平均水位达到3196.41m，较2004年水位回升3.48m。2020年，青海湖年平均水位对应面积达到4516.4km², 与2004年同期相比扩大326.4km², 湿地生态环境持续向好。2004年以来，水位持续上升，2004—2020年水位共上升3.48m，蓄水量增加141.3亿m³，水位年均上升0.22m。同时，2005—2018年与1956—2014年相比，入湖地表径流量增加了53.6%，湖面降水量增加了18.2%。

综上，无论是水位还是面积变化均呈现出先减少后增加的规律。从变化速度来看，水位和面积的变化速度均呈现出近15年来的增长快于之前40多年的下降。这也表明在气候变化影响下，青海湖水位正在发生剧烈变化。

4.1.2.4 土壤特征

青海湖国家公园相对高差2000m左右，从青海湖边到四周分水岭，气温、降水垂直变化明显，形成土壤散布的多样性和垂直型，呈现出空间垂直分带和区域水平分布规律。从图4-9可以看出，青海湖国家公园土壤从高海拔山地到低海拔河湖盆地区主要分为冷钙土、寒冻土、寒钙土、新积土、栗钙土、沼泽土、黑钙土、灰褐土、盐土、石质土、草毡土、草甸土、风沙土、黑毡土等，其中，寒冻土是公园内海拔最高的土壤类型，土壤孔隙中含有冰晶，对温度变化敏感，约占公园总面积的1%。草毡土土体一般较湿润、密生高山矮草草甸，质地以重砾质砂壤土为主，主要分布在天峻县和刚察县西北部，是公园最主要的土壤类型，占公园总面积的32%。

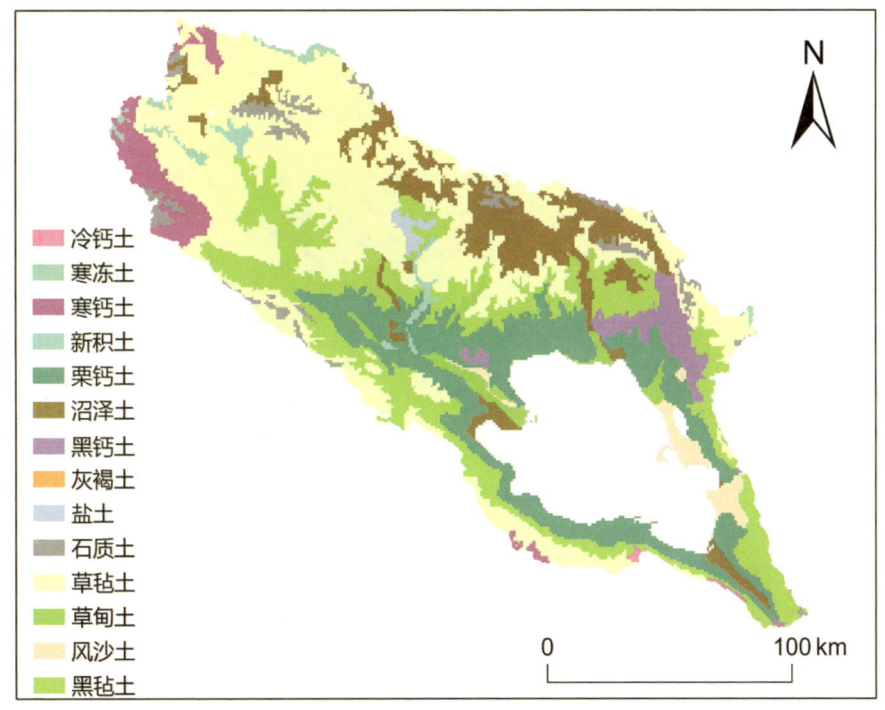

图4-9 青海湖国家公园土壤类型分布

4.1.2.5 生态系统类型

以第三次国土调查成果为基础，分森林、草地、水体及湿地、荒漠、聚落、农田等对公园生态系统进行分类调查统计和空间分析。青海湖国家公园生态系统主要包括草地，占公园自然生态系统面积 70.26% 以上；其次是湿地，约占公园面积 17.23%；再次就是荒漠，约占公园面积 7.78%。从图 4-10 可以看出，除以上之外还包括森林、灌丛、荒漠裸地、农田和城镇。其中，森林生态系统面积虽然不大，但沿河、沿湖集中分布，起着涵养水源的重要作用；布哈河、沙流河、哈尔盖河两岸集中分布的金露梅灌丛、叉子圆柏灌丛群落是公园顶级灌丛群落，生态功能极其重要，需要优先保护。草地生态系统是青海湖国家公园覆盖面积最大的生态系统类型，也是最为脆弱的生态系统，类型复杂且生物多样性丰富，分布在青海湖湖区周边、山前平原或海拔较高的河谷和山地。湿地包括河流、湖泊、滩地、盐碱地和沼泽等。总体来看，生态系统类型丰富多样，是典型的山水林田湖草沙复合生态系统。

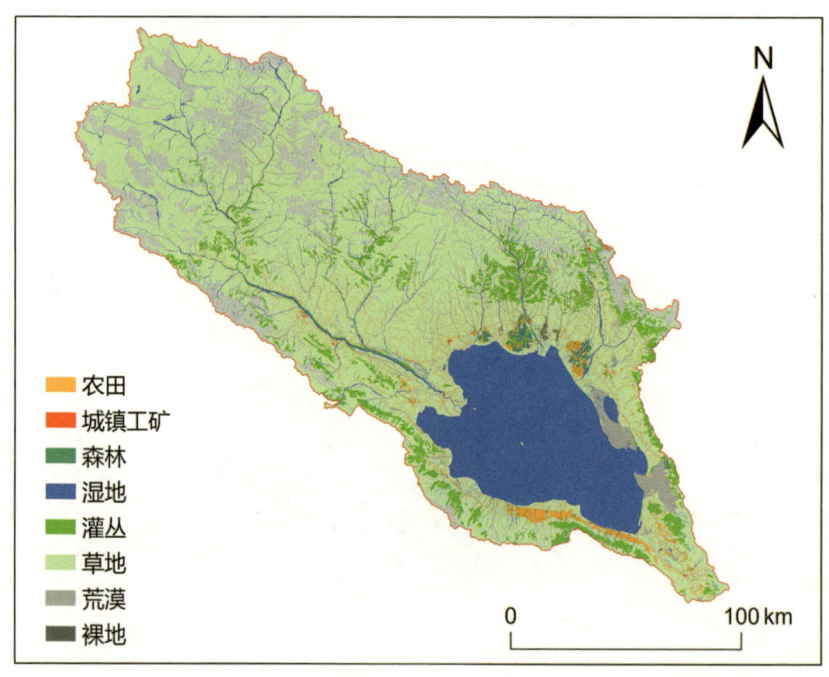

图 4-10 青海湖国家公园生态系统类型

4.1.3 社会经济特征

4.1.3.1 人口及分布

通过收集天峻县、海晏县、共和县和刚察县等的统计年鉴、人口调查数据、国民经济与社会发展报告,以及乡镇一级可获取的其他相关统计数据(具体包括户籍人口系列数据、人均居民可支配收入、基础设施建设情况、畜牧养殖产业发展现状等统计信息),结合收集的人口统计数据进行人口的空间分布识别,同时兼顾青海湖国家公园边界的划定范围,将区域、县域以及可获取的村镇面上人口数据进行空间的降尺度分析。总体来看,青海湖国家公园内人口分布呈现西少东多、北少南多的趋势。环青海湖一周人口分布较密集,大多在1000人以上,结构上主要以牧业从业人口为主,是汉族、藏族、回族、蒙古族、撒拉族等多民族聚集地。其中,藏族人数占青海湖国家公园少数民族人数的90%以上(图4-11)。截至2019年年底,公园总人口108639人,城镇人口29446人,占总人口的27.10%;农业人口5256人,占4.84%;牧业人口73937人,占68.06%。人口密度3.66人/km², 城镇人口主要分布在天峻县县城、刚察县县城、共和县江西沟镇以及湖东种羊场、青海省草原改良试验站、三角城种羊场和青海湖农场4个国有农牧场,海晏县由于西海镇和三角城镇均未在公园内,公园内城镇人口较少。农业人口仅分布在刚察县哈尔盖镇、泉吉乡,海晏县甘子河乡,青海湖农场和黄玉农场(图4-12)。

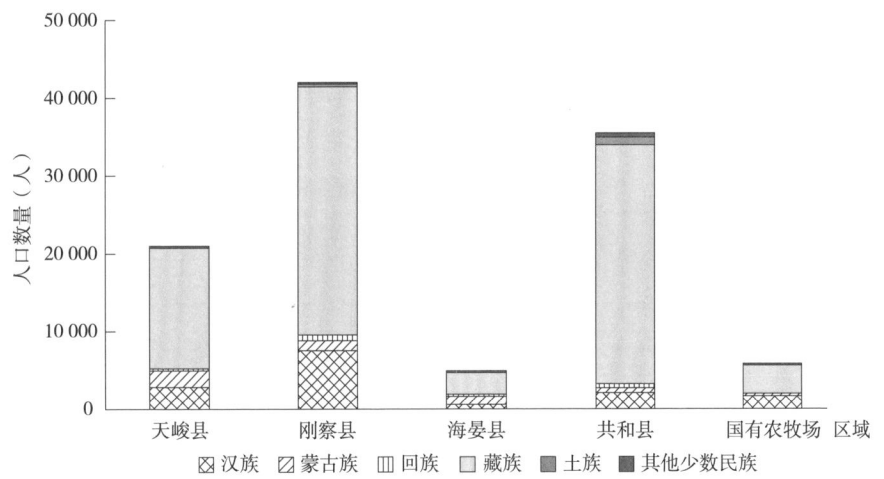

图4-11 青海湖国家公园民族种类与人口数量

总体来说,青海湖国家公园与整个青海省城镇化水平相比,各个县的城镇化呈上升趋势,但与青海省总体58%的城镇化率相比,环青海湖流域的城镇化水平总体较低,城市规模较小,只有共和县县城的规模相对较大、发展较快,其他县区城镇化规模较小,城镇人口占比更是远远低于平均水平。

4.1.3.2 产业发展

通过实地调查与分析,在产业结构上,青海湖国家公园创建区主要以第二产

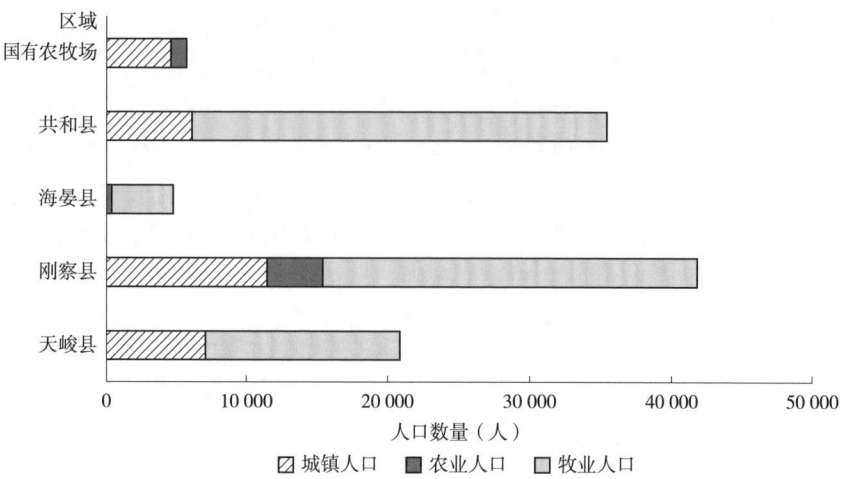

图 4-12　青海湖国家公园户籍类别与人口数量

业为主,第一产业为辅,第三产业主要集中在环湖公路沿线。第一产业包括农业和畜牧业,大部分耕地长期处于低产水平,农作物以青稞、蚕豆、小麦、油菜为主,局部地区也种植了少量的马铃薯、豌豆等。畜牧业主要品种包括绵羊、山羊、牛、马、骡、驴等。截至2021年,牛、羊、马存栏数量分别是40.53万头、246.84万头和2.87万头(表4-2)。2019年,青海湖国家公园各县畜牧业产值达14.13亿元,农牧民人均年收入1.41万元。

表 4-2　青海湖国家公园牲畜存栏量

县	乡镇	养殖业存栏数(头)		
		马	牛	羊
公园内		28 700	405 305	2 468 391
天峻县	新源镇	140	10 724	11 255
	江河镇	511	11 443	122 778
	快尔玛乡	761	14 778	189 683
	龙门乡	728	9680	194 398
	木里镇	156	9682	19 031
	生格乡	639	10 555	86 726
	苏里乡	139	10 492	11 562
	阳康乡	369	5092	98 018
	织合玛乡	138	10 243	11 882
	舟群乡	185	6682	2523

(续)

县	乡镇	养殖业存栏数(头)		
		马	牛	羊
刚察县	沙柳河镇	2922	32 679	132 909
	哈尔盖镇	2719	53 750	201 255
	吉尔孟乡	2300	25 800	150 100
	泉吉乡	3050	24 733	197 213
	伊克乌兰乡	3169	34 590	178 096
海晏县	三角城镇	2	16	240
	甘子河乡	1909	11 859	127 657
	青海湖乡	302	3282	45 110
	金滩乡	—	—	—
共和县	倒淌河镇	340	17 307	193 227
	黑马河镇	1379	29 882	91 637
	江西沟镇	984	26 801	106 594
	廿地乡	52	216	11 468
	切吉乡	37	249	5200
	石乃亥镇	5073	35 772	181 198
	塘格木镇	696	8998	98 631

第二产业包括采矿业(如石油天然气、煤炭、铁矿、有色金属矿)、矿产资源加工业(如冶金工业)、以盐湖化工为主的化工业、农畜产品加工业、中藏药制造业、水电、毛纺工业等,主要矿产资源为煤炭资源,如热水等煤矿。

第三产业包括交通运输业、旅游业及其衍生的一系列服务业。青海湖及环湖沿线的二郎剑景区、仙女湾景区等是主要旅游地,主要道路包括G315、G214、G109、S206和S204。2019年,青海湖景区共接待游客442.59万人次,比上年增长10.52%;年旅游收入6.25亿元,比上年增长11.16%,其中,门票收入1.66亿元,比上年增长8.46%。

4.1.4 自然资源特征

4.1.4.1 土地资源

以第三次国土调查成果为基础,调查统计公园内各类土地利用现状及空间分布。从图4-13来看,青海湖国家公园土地利用类型分为6大类38小类,其中,草地总面积 20 840.96km², 占公园面积 70.26%, 是公园最大的土地利用类型; 其次为水域及水利设施用地, 总面积 5109.47 km², 占公园面积 17.23%; 耕地总面积 203.62 km², 占公园面积 0.68%; 城乡工矿、居民用地等总面积 166.42 km², 占公园面积 0.56%; 林地总面积 1022.96 km², 占公园面积 3.45%; 未利用土地总面积 2317.57 km², 占公园面积 7.81%。总体来看, 土地利用年际变化较小。

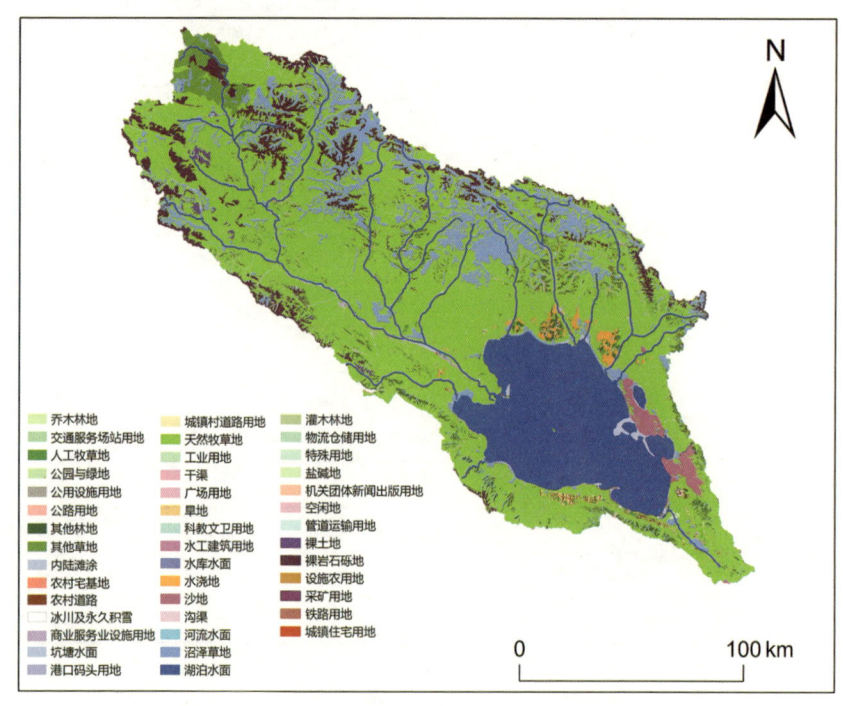

图 4-13 青海湖国家公园土地利用类型

4.1.4.2 林地与草地资源

以第三次国土调查划定的林地范围为基础, 叠加最新森林资源管理"一张图"变更数据, 对林地图斑按照林地管理需要细化相关属性因子, 生成公园内林地资源现状数据库。由于青海湖国家公园地处青藏高原, 常年高寒少雨, 公园内宜林条件较差, 林地面积仅为 1022.96km², 占公园土地总面积的 3.45%。林地类型也较为单一, 仅有乔木林地、灌木林地、未成林地 3 个地类, 且以灌木林地为主, 占林地面积的 94.14%; 乔木林地占比不足 0.01%; 未成林地 59.94km², 占林地面积的 5.85%。公园内森林面积 963.02km², 森林覆盖率 3.25%(图 4-14)。林地资源主要分布于河流两岸或青海湖附近, 天然林主要分布于河流两岸和远离湖区海拔相对较高范围, 人工林主要分布于青海湖周边的青海湖农场、青海湖东种羊场、海晏县三角城镇以及景区建设用地范围。

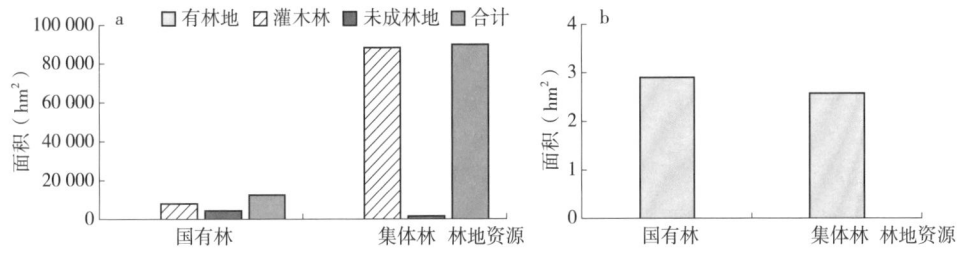

图 4-14 青海湖国家公园林地资源面积

注：a. 灌木林地和未成林地；b. 有林地。

同时，青海湖国家公园普遍海拔较高，气候寒冷，多数区域不符合宜林、宜耕条件，因而草地是公园最主要的土地利用类型，面积 20 840.96km²，占公园土地总面积的 70.26%，涵盖了青海省七大草原型，是草原类型集中分布区域（表4-3）。其中，分布面积最大的是高寒草甸类，面积为 14 369.63km²，占公园草原面积的68.95%；分布面积居第二位的是高寒草原类，面积为 3272.63km²，占公园草原面积的 15.70%；居第三位的是高寒荒漠类，分布面积为 1519.57km²，占公园草原面积的 7.29%；居第四位的温性草原类，分布面积为 1416.83km²，占公园草原面积的 6.80%；第五位是低地草甸类，分布面积为 236.54km²，占公园草原面积的 1.13%；山地草甸类和温性荒漠类在环湖流域分布面积较小，分别占公园草原面积的 0.12% 和 0.01%。

表 4-3 青海湖国家公园草地资源统计

草地类	天峻县（hm²）	刚察县（hm²）	海晏县（hm²）	共和县（hm²）	总计（hm²）
高寒草甸类	814 020.71	375 448.10	52 774.01	194 720.57	1 436 963.40
山地草甸类	1862.64	583.13	—	—	2445.77
低地草甸类	—	9997.98	1354.75	12 300.96	23 653.69
高寒草原类	151 588.71	89 477.32	25 872.99	60 323.82	327 262.84
温性草原类	308.12	64 700.92	33 087.31	43 586.65	141 683.00
高寒荒漠类	151 957.44	—	—	—	151 957.44
温性荒漠类	49.50	—	80.27	0.29	130.06

从水平空间分布上看，温性草原分布于湖盆边缘及河谷地带，以青海湖为中心在湖盆四周形成一条狭窄的环形带状草原；东北部受湖滨沙地和砂卵石地影响，分布有少量温性荒漠植被；倒淌河、黑马河、沙柳河等河流入湖口，以及其他地表径流或地下水位较高、土壤富含盐分的河床两侧、河岸阶地、湖盆周围、山麓潜水溢出处呈斑块状分布着低地草甸草原。

从垂直空间分布上看，环湖南岸湖滨冲洪积平原上生长着温性草原带，分布海拔可达3400m；倒淌河、黑马河等河流沿岸，镶嵌分布有低地草甸；从海拔3500m开始，高寒草甸开始出现，山地纯阴坡被由山生柳、鬼箭锦鸡儿、金露梅等高寒灌丛组成的优势群落占据，海拔最高可达3800m，在山体鞍部及山麓潜水溢出带和高山冰雪带的下缘，分布有以藏嵩草为主的沼泽草甸。整体来看，青海湖国家公园草地资源具有随海拔逐渐升高、离湖区距离增加、人口减少，分布则更为广泛的特征。

4.1.4.3 生物资源

（1）动物资源丰富

采取现地调查、查阅文献资料和座谈访问相结合的方法，以现地调查为主。将青海湖国家公园范围按30km×30km的正方形在电子地图上进行样区划分，并按不低于15%的抽样强度反复抽取调查样区，直到抽取的所有调查样区主体区域在青海湖国家公园范围内。在样区划分的基础上沿主要沟系随机布设调查样线和样方进行动物资源调查。总体来看，青海湖国家公园内分布有各类高等动物323种，隶属27目68科202属。在动物地理区划上，这些动物大部分属于古北界中亚亚界，青藏区青海藏南亚区祁连湟南省，以及少量动物属于蒙新区西部荒漠亚区的柴达木盆地省。动物生态地理类型属于高地森林草原动物群和高原荒漠动物群。青海湖国家公园有青海湖裸鲤（*Gymnocypris przewalskii*）、普氏原羚（*Procapra przewalskii*）等旗舰物种，以及野牦牛（*Bos mutus*）、雪豹（*Panthera uncia*）、金雕（*Aquila chrysaetos*）、藏原羚（*Procapra picticaudata*）、岩羊（*Pseudois nayaur*）等54种国家重点保护野生动物，29种省级重点保护野生动物。这些脊椎动物组成和种群结构有力地促进了森林、荒漠生态系统的健康和稳定。

（2）植物资源多样

根据《中国植被》《中国植物区系与植被地理》《青海植被》中的分类单位（吴征镒，1980；周兴民，1986；陈灵芝，2014），以收集整理分析现有植被、植物调查监测资料为主，辅以必要的野外样区、样方（点）、样线（带）调查和访问调查。青海湖国家公园内分布有各类种子植物70科265属754种及24亚种或变种，分别占青海省相应植物资源种类的74.47%、47.58%和30.20%（变种或亚种占8.90%）。在植物区系构成中，种子植物科主要有菊科（Asteraceae）、禾本科（Poaceae）、豆科（Fabaceae）、莎草科（Cyperaceae）、蔷薇科（Rosaceae）、毛茛科（Ranunculaceae）、龙胆科（Gentianaceae）和玄参科（Scrophulariaceae）等。公园内自然植被共有7个植被型组14个植被型5个群系组42个群系，主要有温性草原、高寒草原、高寒草甸、沼泽草甸、沙生灌丛、河谷灌丛、高寒灌丛、寒温性针叶林、高寒流石坡稀疏植被等，植被类型的组合及其空间分异表现出明显的规律性变化。

4.1.4.4 游憩资源

采用资料收集、野外调查、实地观察、访谈调查等相结合的方法进行调查，青海湖国家公园内游憩资源数量大、类型多样、功能齐全、文化内涵丰富，公园内共有游憩资源单体307处，分为自然游憩资源和人文游憩资源两大主类，以及地文景观、天象与气候景观、地方风物、历史遗迹、水文景观、生物景观、建筑设施、园林景观八大亚类，山地景观、地质构造、江河、湖泊、宗教礼仪、遗址遗迹等40种类型。总体来看，青海湖是我国最大的内陆咸水湖、国际生态旅游目的地、国家AAAAA级景区、国家级生态旅游示范区、国家级自然保护区以及风景名胜区等；也是青藏铁路的起点，唐蕃古道、丝绸之路青海道的重要节点，被评为中国最美丽的湖泊，湖中盛产青海湖裸鲤，游憩资源丰富多彩。

4.1.5 区域自然保护地现状

青海湖国家公园内包含现有自然保护区、水产种质资源保护区、地质公园、湿地公园、沙漠公园、风景名胜区等6类8处自然保护地（表4-4），分别属于青海省政府、国家农业农村及林草部门管理，总面积46427.15 km²（含重叠面积）。除此之外，创建区还有1处青海湖鸟岛国际重要湿地和1处青海湖国家重要湿地，均由国家林业和草原局相关部门管理，总面积5124.81 km²（含重叠面积）（Cheng et al.，2020；刘勇等，2020）。通过实地调查以及相关公开数据收集方式对上述自然保护地相关空间分布数据进行收集。为了进行后续相关分析，利用ArcGIS软件对上述数据进行配准，统一坐标投影以及矢量化并最终进行空间叠置等空间分析。从而使各自然保护区、风景名胜区、湿地公园等自然保护地矢量数据统一到同一图层，供后续生态系统服务功能和生态敏感性指标分析使用（图4-15）。

表4-4 青海湖国家公园内现存自然保护地现状

名称	所在县	级别	批准时间（年）	批准面积（km²）	主管部门	主要保护对象
青海湖国家级自然保护区	刚察、海晏、共和	国家级	1975	4588.81	青海湖景区保护利用管理局	青海湖和环湖周边湿地生态系统，以及珍稀濒危野生动物及其栖息地，如普氏原羚、湟鱼等

（续）

名称	所在县	级别	批准时间（年）	批准面积（km²）	主管部门	主要保护对象
青海湖裸鲤国家级水产种质资源保护区	刚察、海晏、共和、天峻	国家级	2007	33 857.00	农业农村部门	以青海湖裸鲤为主的水生野生动物，如甘子河裸鲤、斯氏条鳅、硬刺条鳅、隆头条鳅、背斑条鳅
青海湖国家级风景名胜区	刚察、海晏、共和	国家级	1994	7577.84	青海湖景区保护利用管理局	青海湖湿地生态系统，沙漠景观、候鸟景观等自然与人文景观
天峻山省级风景名胜区	天峻	省级	2013	90.00	林业部门	天峻石林、天峻山等自然景观及宗教文化石刻人文景观
青海湖国家地质公园	刚察、共和	国家级	2010	209.36	青海湖景区保护利用管理局	青海湖高原湖泊
天峻布哈河国家湿地公园	天峻	国家级	2014	71.34	林业部门	沼泽、河流湿地生态系统、珍稀濒危水禽鸟类及其栖息地
青海刚察沙柳河国家湿地公园	刚察	国家级	2016	29.81	林业部门	沼泽、河流湿地生态系统、珍稀濒危野生动物及其栖息地
青海海晏县克土国家沙漠公园	海晏	国家级	2015	2.99	林业部门	高寒沙漠生态系统及珍稀濒危野生动物
青海湖鸟岛国际重要湿地	刚察、共和	国际级	1992	536.00	林业部门	青海湖栖息、繁衍的野生动物，青海湖湖体及其环湖湿地等脆弱的高原湖泊湿地生态系统
青海湖国家重要湿地	刚察、海晏、共和	国家级	2011	4588.81	林业部门	水禽鸟类、青海湖裸鲤

4 实证案例：青海湖国家公园创建区功能区划及管控策略

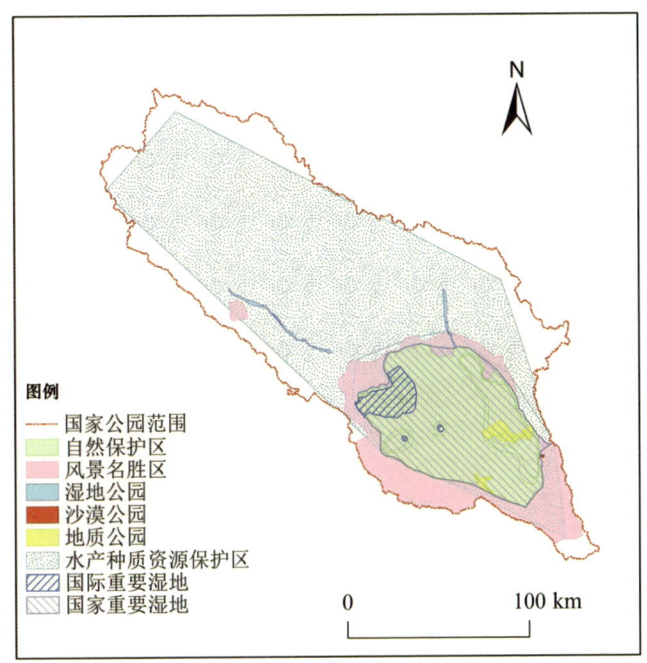

图 4-15 青海湖国家公园现有各类自然保护地空间分布特征

4.2 青海湖国家公园生态保护重要性空间格局分析

4.2.1 生态系统服务功能空间格局特征分析

对青海湖国家公园的生态系统服务功能重要性空间格局分析方法进行系统的构建和计算，使用土地利用数据，高程数据，植被净初级生产力，气象数据，植物、植被、野生动物名录，游憩资源点普查数据等；通过 ArcGIS 10.2 软件栅格计算器以及归一化处理之后采用自然断裂点法进行功能重要性划分（Cao et al., 2019），获得青海湖国家公园生态系统服务功能重要性分布图（图 4-16），将生态系统服务功能重要性空间格局按重要性程度划分为极重要、重要、中等重要和一般重要 4 个等级。同时，为更好体现出公园内部空间分异规律，分别统计出各类生态系统服务功能类型所占公园面积情况（图 4-17）。

从图 4-16a 气候调节功能中的重要性空间分布格局可以看出，对气候调节价值最大的是围绕青海湖区域往外分散的中部区域及北部偏西部分区域，与生态类型分布图比较，这些区域基本都是湿地生态系统所在区域或者围绕湿地生态

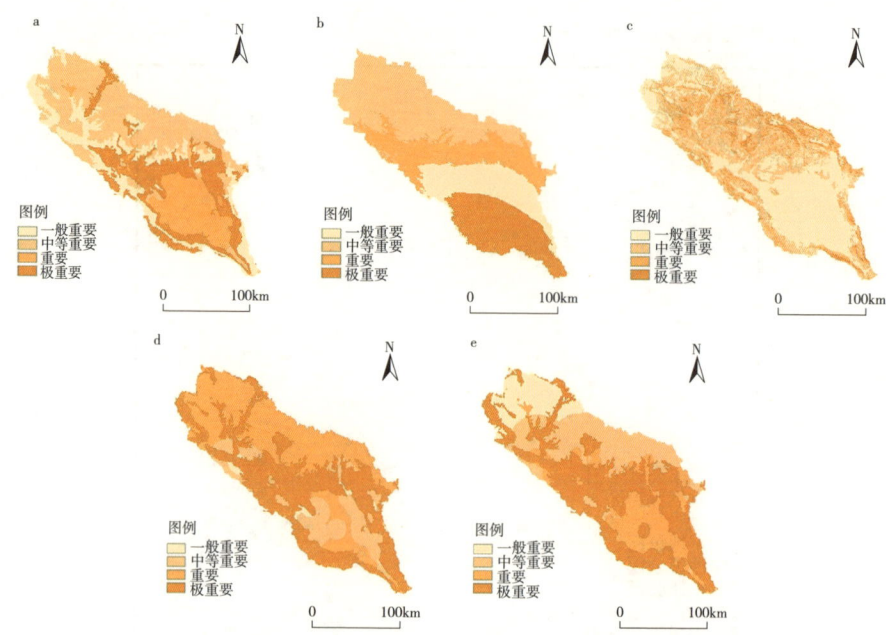

图 4-16　青海湖国家公园生态系统服务功能重要性空间分布格局

注：a. 气候调节功能重要性；b. 水源涵养功能重要性；c. 水土保持功能重要性；d. 生物多样性保护功能重要性；e. 社会文化服务功能重要性。

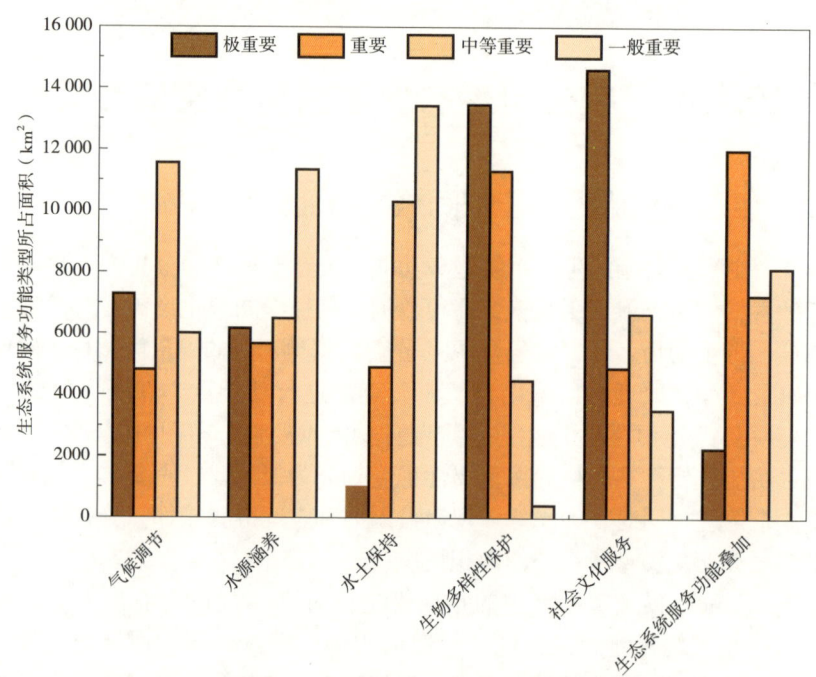

图 4-17　青海湖国家公园各类重要生态系统服务功能结构特征

系统稍加往外扩散区域；其次是青海湖，以及部分河流分布区域，对应水域生态系统；再次是北部、东部区域，对气候调节主要为中等重要，且面积占比较大，主要是森林和草地生态系统的分布区域；最后是一般重要，主要零散穿插在青海湖国家公园范围内，对应为其他生态系统类型，且较多是对应城镇分布区域。

从图4-16b水源涵养功能重要性空间分布格局可以看出，总体上青海湖国家公园水源涵养重要性程度由西北向东南逐渐增加，中部偏南区域的水源涵养能力弱于中部区域，水源涵养极重要区域在东南区域，即青海湖所在区域。

从图4-16c水土保持功能重要性空间分布格局可以看出，具有强水土保持能力和较强水土保持能力的区域基本在青海湖国家公园中部偏北区域和东南部边缘区域，极重要区域分布较散，与重要区域互相参插。

从图4-16d生物多样性保护功能重要性空间分布格局可以看出，青海湖国家公园生物多样性保护功能总体较强，极重要和重要面积占比较大，主要围绕青海湖分布，尤其是青海湖北部区域，在公园西南部区域也有部分区域生物多样性较强，极重要和重要分布区域体现了青海湖国家公园生态系统对生物多样性保护具有重要意义。结合生物多样性保护功能重要性图、青海湖国家公园生物分布特点及生态系统类型分布来看，围绕青海湖的极重要区域主要是鸟类栖息地、迁徙中转站和繁殖地，该区域生态系统类型丰富，主要包括水域、湿地、森林和草地生态系统；位于青海湖北部、东北部及西南部分区域主要是世界濒危物种普氏原羚的活动区域，这些区域主要是由极重要和重要保护功能组成，其生态系统类型也较丰富，主要包括森林、草地和水域生态系统。

从图4-16e社会文化服务功能重要性空间分布格局可以看出，青海湖国家公园文化旅游功能重要性按照一种辐射散发规律分布，极重要区域主要是围绕青海湖偏西北向外辐射，重要区域零星分布在极重要区域边缘，中等重要和一般重要区域主要分布在流域边缘，且中等重要是由一般重要向公园内部散发而成。

从图4-17结果统计情况来看，对单一服务功能而言，横向分析可以得到：青海湖国家公园生态系统类型对气候调节服务具有非常重要的作用，功能重要性极重要面积占比达到39%，重要面积占比达到16%，这两者总体达到55%，占整个青海湖国家公园总面积的一半；水源涵养服务功能较强，极重要面积占比达到20.3%，重要面积占比达到22%，两者总体达到42.3%，接近青海湖国家公园总面积一半；水土保持总体能力较弱，主要以一般重要和中等重要级别为主，其面积占比分别达到了45.4%和34.8%，而极重要面积占比只有3.3%；生物多样性保护功能非常好，主要以重要为主，面积占比达到30.44%，而极重要面积占比达到了26.98%，两者总和达到了57.42%，总体来说，生物多样性保护服务功能较强；社会服务功能主要以极重要为主，其面积占比达到了45.67%，说明青海湖国家公园的文化游憩具有很高的价值。

纵向以各个生态系统服务功能类型为基础，结合青海湖国家公园生态类型分布图，按照极重要和重要两个等级对公园内功能重要性进行分析可以得到：青海湖国家公园的生态系统类型对该区域社会文化服务具有很高的价值，在极重要中面积占比最高，对生物多样性保护也具有较强的能力，其在重要性等级中占比最高；气候调节和水源涵养服务功能是青海湖国家公园生态系统的主要功能，两者的一般重要性面积占比均要低于其他服务功能，说明气候调节和水源涵养的中等重要、重要和极重要总体要高于其他服务功能；水土保持是青海湖国家公园生态系统类型最薄弱的，其一般重要面积占比最大，而极重要面积占比最小；总体对5种服务功能的极重要和重要两者空间叠置分析得到，青海湖国家公园生态系统类型服务功能空间面积大小顺序为生物多样性保护服务功能>气候调节服务功能>社会文化服务功能>水源涵养服务功能>水土保持服务功能。

通过对5类生态系统服务功能进行标准归一化处理，再利用熵权法对不同图层进行权重确定（表4-5，详细方法见第3章），然后根据权重结果通过GIS-special analyst tool空间分析工具进行空间加权叠置分析可以得到（图4-18）。青海湖国家公园综合生态系统服务功能以重要类型为主，面积约为11998km^2，占公园总面积的40.45%，主要集中在青海湖湖泊和河流周边，分布有山水林田湖草沙等多种自然生态系统，以湿地生态系统为主；其次是天峻县西北部阳康曲与希尔格曲之间的高山顶部；天峻县阳康乡西部等区域属于一般重要区域，所承担的生态功能稍弱，面积约为8136km^2，占公园总面积的27.43%，该区域社会文化服务功能低、人为干扰度较低、生态环境良好。

表4-5 青海湖国家公园生态系统服务功能单因子权重分配

一级指标（A）	二级指标（B）	信息熵值 a	信息效用值 g	熵权法权重 W	排序
生态系统服务功能评价（A）	气候调节服务功能（B1）	0.882	0.118	0.130	5
	生物多样性服务功能（B2）	0.831	0.169	0.186	3
	水土保持服务功能（B3）	0.757	0.243	0.268	1
	水源涵养服务功能（B4）	0.785	0.215	0.237	2
	社会文化服务功能（B5）	0.838	0.162	0.179	4

4 实证案例：青海湖国家公园创建区功能区划及管控策略

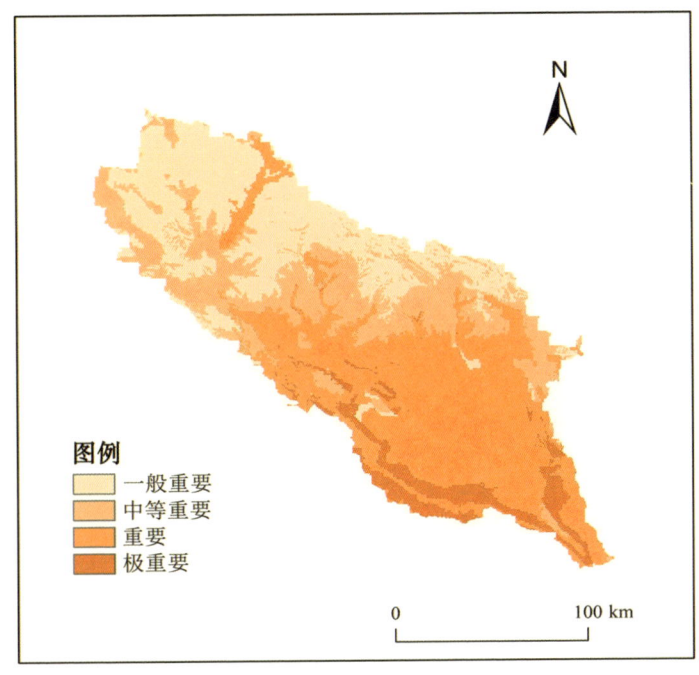

图 4-18 青海湖国家公园生态系统服务功能重要性空间叠置分析

4.2.2 生态敏感性空间格局特征分析

生态敏感性分析重点考虑生态过程对于环境变化的响应，并判别出高敏感区域(陈昕等，2017)。通过 ArcGIS 10.2 软件栅格计算器计算出青海湖国家公园生态敏感性各项指标评价结果(图 4-19)。同时，为更好体现出公园内部空间分异规律，分别统计出各类生态敏感性因子所占公园面积情况(图 4-20)。

结果表明，高度敏感区分布范围是公园内植被覆盖度较低、高程较高、坡度较大以及河流湖泊上游部分，以青海湖东北部边缘为主，原因是青海湖国家公园环境特殊，其水力侵蚀、风力侵蚀、土壤侵蚀交错并存，并容易遭受水力侵蚀和土壤侵蚀；由于各个等级的敏感区交错分布，在较高敏感区和中度敏感区分布范围中，人为活动因子较明显，尤其是对中度敏感区，其分布基本是在各乡镇辐射范围内且人类活动相对集中的地方，其敏感程度相对较高。高度敏感区面积较少，但分布较集中；低敏感区和不敏感区在青海湖国家公园面积占比中较大，低敏感区域主要分布在植被覆盖较高、海拔较高、人为活动较少的区域；自然敏感是青海湖国家公园生态环境敏感的诱因，对生态环境敏感的发展起重要作用。土壤类型和土地利用对生态敏感具有一定的规律性。在环湖区域，人类对土地利用率越高的地区，其敏感程度越高。其他地区敏感程度与植被覆盖、土壤类型、海拔坡度基本呈正相关发展趋势。

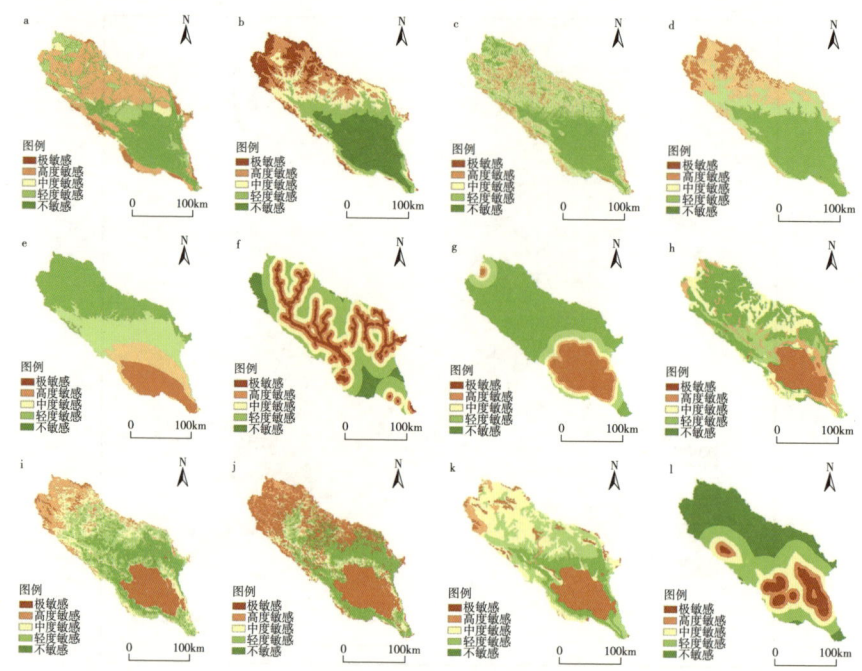

图 4-19 青海湖国家公园生态敏感性单因子分析

注：a. 地貌；b. 高程；c. 坡度；d. 气温；e. 降水；f. 河流；g. 湖泊；h. 植被类型；i. 植被覆盖度；j. NPP；k. 土壤类型；l. 生物多样性。

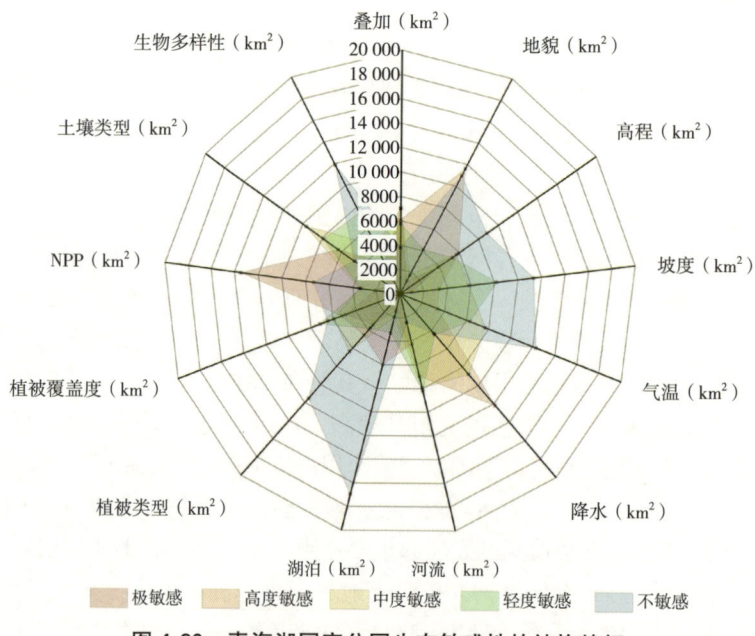

图 4-20 青海湖国家公园生态敏感性的结构特征

4 实证案例：青海湖国家公园创建区功能区划及管控策略

通过对 12 项单因子生态敏感性图层进行标准归一化处理，采用自然断裂点法进行敏感性划分（Cao et al.，2019），由于生态敏感性指标较多，为了保证权重的科学性和客观性，利用 AHP—熵权法等综合赋权重法对不同图层进行权重确定（表 4-6，详细方法见第 3 章），然后根据权重结果通过 GIS-special analyst tool 进行空间加权叠置分析可以得到图 4-21。总体来看，青海湖国家公园生态系统敏感性各部分分布较为均匀。极敏感和高度敏感区域在青海湖国家公园面积占比 32.25%，适宜生态保护，主要包括青海湖，集中分布在刚察县的沙柳河镇、哈尔盖镇中部和北部，天峻县的织合玛乡北部、苏里乡北部、龙门乡西北部、阳康乡中西部，其他乡镇零星分布。该区域高程较大，气温较低，植被覆盖度较高，是湟鱼和水鸟主要的栖息地。中度敏感区域在青海湖国家公园面积占比 23.61%，较适宜对自然生态系统进行保护和恢复，可以开展科研监测等活动，主要分布于刚察县的吉尔孟乡中部、泉吉乡中部、伊克乌兰乡中部和西部，天峻县的织合玛乡北部，海晏县的托勒乡中部等区域，在其他乡镇围绕高度、较高度区域零星分布。轻度敏感区域和不敏感区域在青海湖国家公园面积占比 44.14%，公园内均有分布，主要集中在生态环境好、自然资源丰富的区域，轻度敏感区主要过渡连接了不敏感区域和中度敏感区域。

表 4-6 青海湖国家公园生态敏感性单因子权重分配

目标层(A)	准则层(B)	权重	措施层(C)	层次分析法权重	熵权法权重	综合权重	排序
生态敏感性等级综合评价(A)	地形地貌(B1)	0.241	地貌类型(C1)	0.125	0.087	0.106	3
			高程(C2)	0.06	0.087	0.074	8
			坡度(C3)	0.043	0.079	0.061	10
	气候与水文(B2)	0.271	气温(C4)	0.041	0.109	0.075	7
			降水(C5)	0.057	0.049	0.053	11
			河流(C6)	0.044	0.114	0.079	5
			湖泊(C7)	0.038	0.090	0.064	9
	植被条件(B3)	0.297	植被类型(C8)	0.215	0.079	0.147	1
			植被覆盖度(C9)	0.062	0.110	0.086	4
			植被净初级生产力(C10)	0.049	0.079	0.064	9
	土壤状况(B4)	0.113	土壤类型(C11)	0.168	0.058	0.113	2
	生物多样性(C5)	0.078	生物多样性(C12)	0.098	0.058	0.078	6

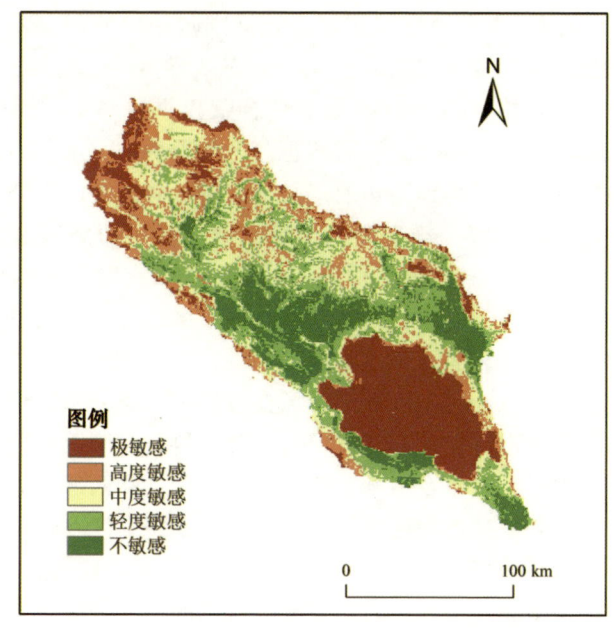

图 4-21 青海湖国家公园生态敏感性叠置分析

4.3 青海湖国家公园人类活动干扰空间格局分析

在上述生态敏感性部分为了有效表达自然状态下生态系统的稳定性,并未加入人类活动因素,但是不同程度的人类活动在一定程度上干扰并干预着生态系统的发育,影响着生态系统的结构、敏感性和稳定性,考虑人类活动对生态安全格局的影响是有必要的。因此,本节内容主要从人类活动干扰方面,对青海湖国家公园进行分析与评价。使用行政村的人口密度、道路交通、工业产业、畜牧业等矢量数据及相关统计年鉴、地方志等社会经济等数据,通过 ArcGIS 10.2 软件栅格计算器计算出青海湖国家公园人类活动干扰各项指标评价结果(图 4-22)。同时,为更好体现出公园内部空间分异规律,分别统计出各类人类活动干扰因子所占公园面积情况(图 4-23)。

结果表明,青海湖国家公园人类活动干预强度呈现密集型分布。重度干预主要分布在乡镇密集、道路较多、交通发达的区域,位于青海湖北部、东北部和东部,原因是刚察县人口约占公园范围内总人口的 40%,且城市工业和牧畜业较为突出。高度干扰和中度干扰围绕重度干扰分布,主要也是在青海湖北部范围分布;在青海湖及青海湖向西北部,人类活动干扰度逐渐减少,主要是无干预和轻度干扰分布区域,尤其在公园西北部,人类活动几乎为无干扰,其生态环境良

4 实证案例：青海湖国家公园创建区功能区划及管控策略

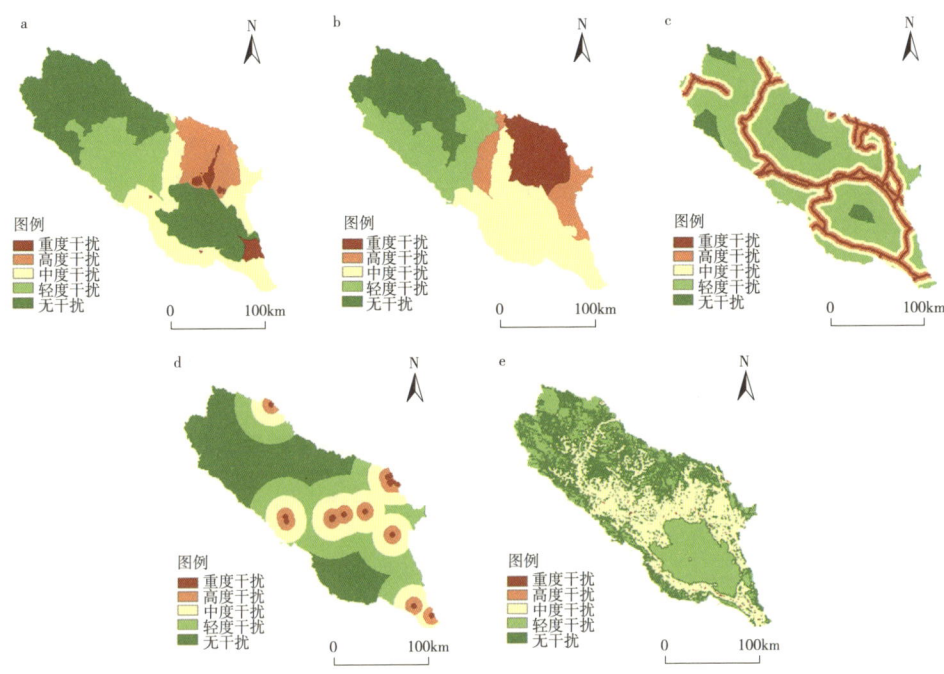

图 4-22 青海湖国家公园人类活动干扰程度分析

注：a. 人口；b. 畜牧业；c. 交通；d. 工业；e. 土地利用。

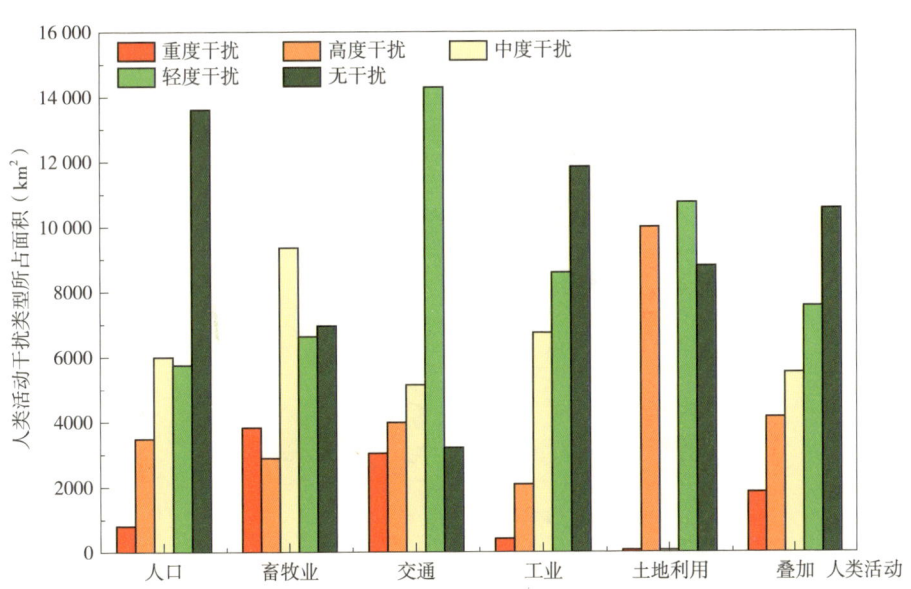

图 4-23 青海湖国家公园各类人类活动干扰的结构特征

好,海拔较高,较少受到人类活动和城市建设、经济发展的影响。

通过对 5 项单因子人类活动干扰图层进行标准归一化处理,先采用自然断裂点法进行敏感性划分(Cao et al.,2019),再利用熵值法对不同图层进行权重确定(表4-7,详细方法见第 3 章),根据权重结果通过 GIS-Special analyst tool 进行空间加权叠置分析可以得到图 4-24。总体来看,公园内人类活动干预强度较低,无干扰和轻度干扰分布占比达到了 61.14%,且其主要分布在公园西北部,说明该区域人类活动较少。相对而言,该区域的生态系统安全受到的人为影响较低;重度干扰面积占比只有 6.23%,但是人为干预分布较密集,尤其是在天峻县、刚察县及鸟岛等地分布呈小范围密集辐射型,虽然面积占比较少,但是对该区域而言,其生态系统安全受到人类活动影响较大,该区域的生态环境保护尤其重要。

表 4-7 青海湖国家公园人类活动干扰单因子权重分配

一级指标(A)	二级指标(B)	信息熵值 a	信息效用值 g	熵权法权重 W	排序
人类活动干扰评价(A)	人口(B1)	0.883	0.117	0.298	2
	畜牧业(B2)	0.921	0.079	0.201	3
	交通(B3)	0.960	0.040	0.102	4
	工业(B4)	0.877	0.123	0.315	1
	土地利用(B5)	0.967	0.033	0.084	5

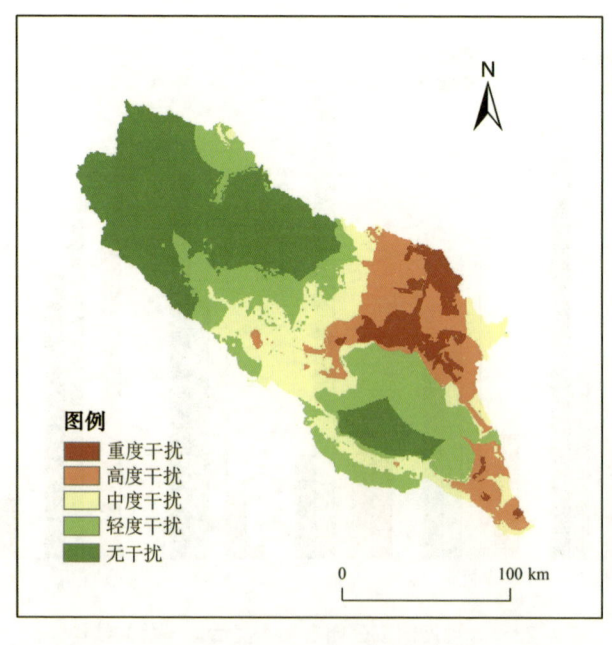

图 4-24 青海湖国家公园人类活动干扰程度叠置分析

4.4 青海湖国家公园游憩资源空间格局分析

4.4.1 游憩资源类型及空间分布

4.4.1.1 游憩资源分类特征

根据《旅游资源分类、调查与评价》(GB/T 18972—2017)和《国家公园资源调查与评价规范》(LY/T 3189—2020),结合青海湖国家公园游憩资源赋存状况,对青海湖国家公园范围内的游憩资源进行深入调查。经实地调查和数据核查,公园内共有游憩资源单体307处,分为自然游憩资源、人文游憩资源两大主类,地文景观、水文景观、生物景观、天象与气候景观、地方风物、历史遗迹、建筑设施、园林景观8大亚类,山地景观、地质构造、江河、湖泊、民族文艺、遗址遗迹等40种类型(表4-8)。

表 4-8　青海湖国家公园游憩资源分类

主类	亚类	类型	代表性资源单体
自然游憩资源	地文景观	地质构造、地质珍迹、洞府岩穴、奇峰怪石、沙景岸滩、山地景观、蚀余景观、土林石林、峡谷沟壑、洲岛屿礁、地层剖面等	鸟岛、海心山、天峻山、快尔玛山、年钦夏格日山、青海湖南山、同宝山、倒淌河嘛呢石、三块石、哈熊沟、沙岛、金沙湾等(61处)
	水文景观	湖泊、江河、瀑布跌水、泉井	青海湖、尕海、西海神泉、五世达赖圣泉、天峻山瀑布等(20处)
	生物景观	草地草原、花卉地、野生动物栖息地、珍稀生物	青海湖最美油菜花、快尔玛草原、青海湖裸鲤家园、普氏原羚栖息地(9处)
	天象与气候景观	日月星光	黑马河风景区、黑马河乡帐篷日出(2处)
人文游憩资源	地方风物	传统技艺、节假庆典、民间文艺、赛事活动、民族语言文字、宗教礼仪、民族民俗、神话传说	那达慕、藏族牛犊节、蒙古族民间颂词、青海藏族黑牦牛帐篷制作技艺、西王母石室传说、刚察寺院藏戏、环青海湖国际公路自行车比赛等(74项)
	历史遗迹	古镇名城、纪念地、摩崖题刻、遗址遗迹	格萨尔王遗迹、阿什札河口遗址、北向阳古城、卢森岩画、舍布齐岩画、情人崖等(90处)

(续)

主类	亚类	类型	代表性资源单体
人文游憩资源	建筑设施	民居宗祠、纪念建筑、军事观光地、文娱建筑、宗教建筑、教学科研场所、其他建筑等	刚察老窑洞、青藏生态主题馆、夏日哈石经院、快尔玛寺、刚察大寺、感恩塔、中国鱼雷发射实验基地等(48处)
	园林景观	陵园墓园、游娱文体园	释藏林卡、天峻县烈士陵园、刚察县烈士公墓(3处)

总体来看,青海湖国家公园内自然和人文游憩资源协调一致,有较好的互补性。在构成上,以人文游憩资源为主,占游憩资源单体总数的70.03%,其中,历史遗迹和地方风物是其主要组成资源,分别占人文游憩资源单体数量的41.86%和34.42%;以自然游憩资源为辅,占游憩资源单体总数的29.97%,主要以地文景观资源为主,占自然游憩资源单体数量的66.30%。

4.4.1.2 游憩资源空间分布特征

(1) 自然游憩资源

青海湖国家公园内共有自然游憩资源单体92处,包括地文景观、水文景观、生物景观、天象与气候景观四大亚类,山地景观、地质构造、江河、湖泊、珍稀生物等20种类型(表4-9)。其中,地文景观61处、水文景观20处、生物景观9处、天象与气候景观2处。主要的自然资源包括巍峨高大、气势雄伟、松柏挺立的山地景观天峻山,青海湖最大支流、"西海之母"、"神湖之源"布哈河;国际重要湿地、鸟的天堂鸟岛,大天鹅的故乡仙女湾湿地,珍稀物种集聚地普氏原羚栖息地、青海湖裸鲤家园;西王母修行居住传经布道的神山年钦夏格日山,青海湖最大的岛屿沙岛,四季喷涌不竭的热泉西海第一神泉;青海湖中心世外桃源海心山,自西向东流的奇异河流倒淌河。各县丰富多彩的自然游憩资源构成了青海湖国家公园独具魅力的世界级游憩资源。

表4-9 青海湖国家公园自然游憩资源分类

亚类	类型	资源单体名称
地文景观	山地景观	天峻山、快尔玛山、年钦夏格日山、青海湖南山、同宝山、瓦彦山、扎西郡乃神山(7处)
	地质构造	断陷盆地(青海湖盆地)、复杂褶皱、刚察县哈尔盖浆混花岗岩、热水正断层(5处)
	夷平面	

4 实证案例：青海湖国家公园创建区功能区划及管控策略

(续)

亚类	类型	资源单体名称
地文景观	地层剖面	刚察县阿塔寺组剖面、刚察县尕勒得寺组剖面、刚察县花石山群剖面、共和县倒淌河鲍马序列、天峻县草地沟江河组剖面、天峻县草地沟下环仓组剖面、天峻县大加连组剖面、天峻县切尔玛沟组剖面(8处)
	奇峰怪石	倒淌河嘛呢石、三块石、神女峰、驼峰(4处)
	峡谷沟壑	哈熊沟、天峻沟景区、天峻峡、秀龙沟、秀龙谷(5处)
	洞府岩穴	天峻县舟群乡溶洞(1处)
	土林石林	天峻石林、格萨尔王栓马柱(2处)
	沙景岸滩	沙岛、金沙湾、半固定沙丘、湖岸沙丘观察点、金字塔形沙丘、链状沙丘、流动沙丘、青海湖东沙漠、沙坝前缘观察点、沙波纹、沙漠与湖水相互作用观查点、新月形沙丘、障壁岛(13处)
	蚀余景观	波痕观察点、冲积扇、冲刷透镜体、堆积阶地、湖泊三角洲(布哈河)、湖积平原、湖蚀阶地、湖蚀平台、泥质湖岸、侵蚀阶地、沙砾质湖岸、砂质湖岸(12处)
	洲岛屿礁	鸟岛、海心山(2处)
	地质珍迹	哈尔盖二叠纪硅化木、青海湖东植物茎秆层(2处)
水文景观	江河	布哈河、倒淌河、耳海、沙柳河、夏格河(5处)
	湖泊	青海湖、二郎剑风景区、尕海、海晏湾、青海湖观察点、太阳湖、仙女湾湿地、潟湖、潟湖观察点、月牙湖(10处)
	泉井	西海神泉、甘子河热泉、热水矿温泉、五世达赖圣泉(4处)
	瀑布跌水	天峻山瀑布(1处)
生物景观	草地草原	快尔玛草原、云台(2处)
	花卉地	青海湖最美油菜花(1处)
	珍稀生物	青海湖裸鲤洄游主题公园、青海湖裸鲤家园、马鹿观光园、泉吉河滨水观鱼风情园(4处)
	野生动植物栖息地	普氏原羚栖息地、岩羊群(2处)
天象与气候景观	日月星光	黑马河风景区、黑马河乡帐篷区日出(2处)

从全域空间分布来看（图 4-25），自然游憩资源数量分布不均匀，刚察县、海晏县和共和县自然游憩资源沿青海湖分布较多，天峻县自然游憩资源则集中分布于天峻山和扎西郡乃神山周围，并以天峻县天峻山、海晏县沙岛、共和县二郎剑景区呈核心点状聚集分布。共和县自然游憩资源类型齐全、种类丰富。海晏县公园范围较小，自然游憩资源类型较少。刚察县仙女湾景区、天峻县扎西郡乃神山两处作为次级聚集区，其他区域为分散区。

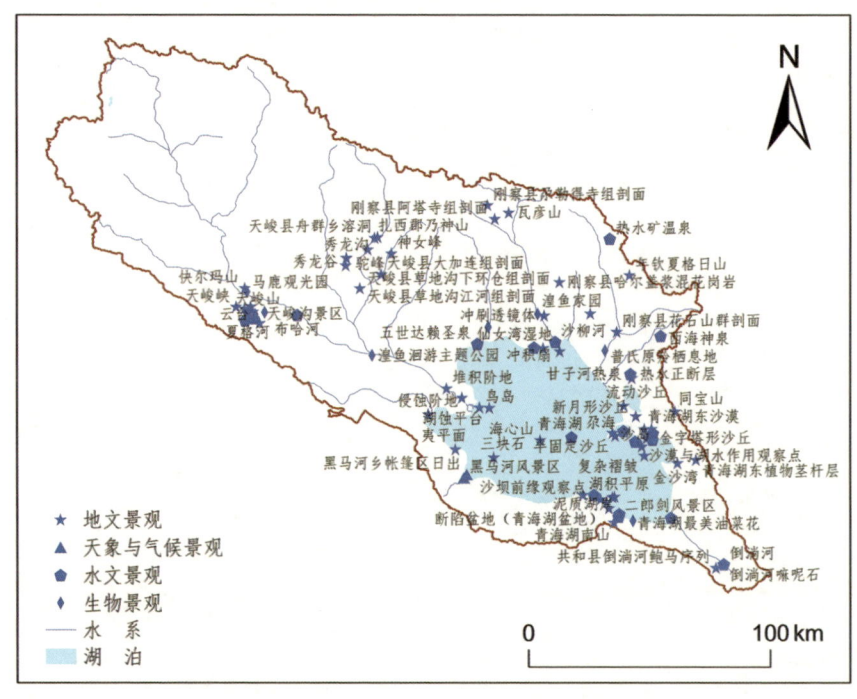

图 4-25 青海湖国家公园自然游憩资源现状分布

(2) 人文游憩资源

青海湖国家公园内共有人文游憩资源单体 215 项，分为历史遗迹、建筑设施、地方风物与园林景观四大亚类，民族民俗、节假庆典、宗教礼仪、遗址遗迹、宗教建筑、陵园墓园等 20 种类型（表 4-10）。其中，地方风物 74 项、历史遗迹 90 处、建筑设施 48 处、园林景观 3 处。主要的人文资源包括与西王母信仰有关的神话故事"西王母石室传说"，丰富多彩的民族文化活动"海西藏族六月歌会"；宏伟壮观、殿宇巍峨的黄教寺院"刚察大寺"，讲述高原先民们生活故事的"舍布齐岩画"；藏族传统戏的传承"刚察寺院藏戏"，汉代至南北朝时期羌人活动的中心地带"尕海古城遗址"，藏传佛教格鲁派寺院"白佛寺"，列入《第二批国家级非物质文化遗产名录》的"青海湖祭海"等。

4 实证案例：青海湖国家公园创建区功能区划及管控策略

表4-10 青海湖国家公园人文游憩资源分类

亚类	类型	资源单体名称
地方风物	民族民俗	海西藏族女孩成年礼、海西藏族六月歌会、藏族八十大寿诞礼、那达慕、达玉婚俗、金银滩社火、金银滩香包(7项)
	节假庆典	藏族牛犊节(1项)
	民族语言文字	藏族夏周、蒙古族民间颂词(2项)
	宗教礼仪	五世达赖圣泉祭海台、祭拉则、放生习俗、煨桑习俗、青海湖祭海、生态宝瓶、擦擦、转青海湖(8项)
	传统技艺	青海藏族黑牦牛帐篷制作技艺、海西藏族酥油花制作技艺、海西藏族石刻技艺、酸奶鞣牛羊皮技艺、金银滩马术、河湟剪纸等(26项)
	神话传说	岗格尔雪合勒雪山传说、西王母石室传说、天赐骏马传说、扎西郡乃神山的传说、年钦夏格日山的传说(5项)
	民间文艺	藏族挤奶歌、藏族谜语、刚察寺院藏戏、刚察藏族酒曲、达玉逗曲、金银滩越弦等(18项)
	赛事活动	天峻文化旅游艺术节、刚察赛马、赛牦牛、抱沙袋、藏族拉巴牛、刚察挤棋、环青海湖国际公路自行车比赛(7项)
历史遗迹	遗址遗迹	格萨尔王遗迹、阿什扎河口遗址、北向阳古城、海日纳古城、尕海古城遗址、尕海古城、黑古城、察汉城等(79处)
	摩崖题刻	卢森岩画、鲁茫沟岩画、天峻山石刻、夏日哈岩画、道尕尔岩画、梅陇岩画、纳日更织合纳岩画、舍布齐岩画、哈龙岩画、莫合口岩画(10处)
	纪念地	情人崖(1处)
建筑设施	民居宗祠	刚察老窑洞(1处)
	文娱建筑	青藏生态主题馆(1处)
	宗教建筑	夏日哈石经院、快尔玛寺、刚察大寺、沙陀寺、白佛寺、佛海寺、元者寺等(38处)
	纪念建筑	感恩塔、仓央嘉措文化广场(2处)
	军事观光地	战备机场跑道、中国鱼雷发射实验基地(2处)
	教学科研场所	汪什代海民间艺术生态博物馆、岩画生态博物馆(2处)
	其他建筑	苏式粮仓、二郎剑(2处)
园林景观	游娱文体园	释藏林卡(1处)
	陵园墓园	天峻县烈士陵园、刚察县烈士公墓(2处)

从全域空间布局来看(图4-26),人文游憩资源数量分布较不均匀,刚察县、海晏县和共和县人文游憩资源沿青海湖均匀分布,天峻县人文游憩资源则集中分布于天峻山和扎西郡乃神山周围。刚察县、海晏县、天峻县人文游憩资源数量相当,刚察县人文游憩资源类型齐全;共和县人文游憩资源数量相对较少。

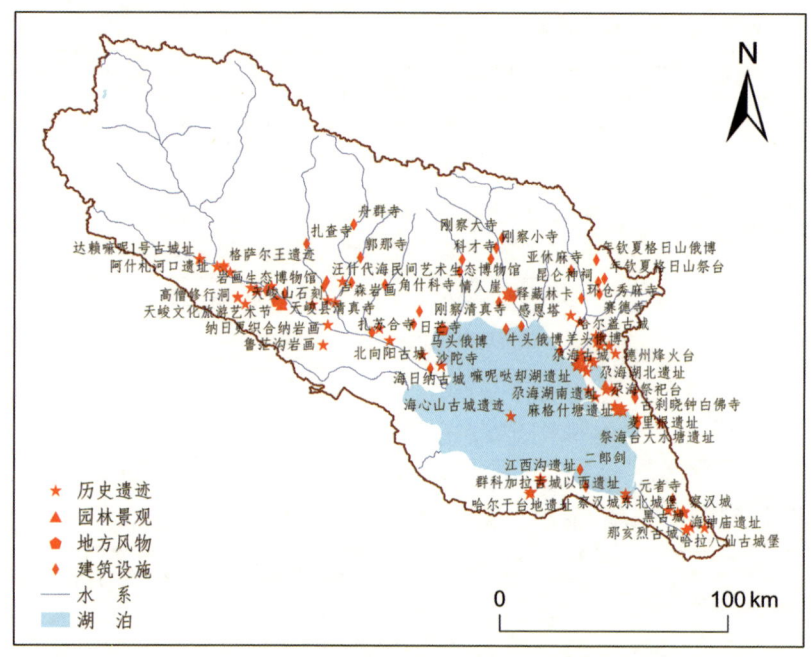

图4-26 青海湖国家公园人文游憩资源现状分布

(3) 游憩空间热点区域识别

青海湖国家公园游憩资源的集聚程度对于分析青海湖国家公园科普教育、生态体验以及景观观赏的可行性及难易程度有着十分重要的作用。在郭来喜等(2000)拟定的游憩资源分类系统的基础上,对青海湖国家公园游憩资源从景观类型层次进行了统计归纳,以4个县级行政区为单位,结合青海湖国家公园游憩资源的特点,选取山岳、探险山地、气候、人类文化遗址、沙地/黄土、远足旅游地、小岛、湖泊、雪山、高寒草甸、峡谷、水库、丹霞雅丹、风景林、非峡谷风景河流、城市公园、古代陵墓、古城遗址、古塔/石窟、历史遗迹、原始植物群落、野生动物生境、特色民俗、宗教/礼制建筑、戏曲/民间文艺、其他人文景观等类型26种。依照资源系统与社会经济系统相协调的原则,以建设国家公园和国家风景道为资源整合目标,对其进行集聚性分析,将青海湖国家公园分为具有内在联系且呈现结构性集聚的片区,主要包括依照某个中心节点的区域集聚和沿交通线或河流的线状集聚(表4-11,图4-27,图4-28)。

4 实证案例：青海湖国家公园创建区功能区划及管控策略

表 4-11 青海湖国家公园游憩资源集聚性分析

类型	集聚区域	游憩资源类型
区域集聚	江西沟—二郎剑板块	江西沟湿地、151 基地、二郎剑景区及南山等
	沙柳河—仙女湾板块	刚察县城、刚察草原、仙女湾、哈尔盖普氏原羚救护中心等
	三角城—沙岛板块	金沙湾、白佛寺、沙岛、尕海等
	石乃亥—鸟岛板块	鸟岛、天鹅湾、布哈河、沙陀寺、石头城以及海西山等
	黑马河板块	黑马河、高山草原等
	倒淌河板块	倒淌河、耳海、甲乙寺、海神亭、将军城、群科加拉城、湖东种羊场、青海湖渔场、白城、黑城等
线状集聚	天峻山、布哈河水系	布哈河、天峻峡谷、天峻石林、柳树林、哈熊沟、格萨尔王遗址、鲁茫沟岩画、西王母石室等
	扎西郡乃山、峻河水系	峻河、秀龙沟、扎西郡乃山等
	青藏铁路、315 国道	金沙湾、沙岛、仙女湾、鸟岛、刚察县城、天峻县城等
	109 国道	倒淌河镇、江西沟镇、黑马河镇、151 基地、二郎剑景区、高山草原等

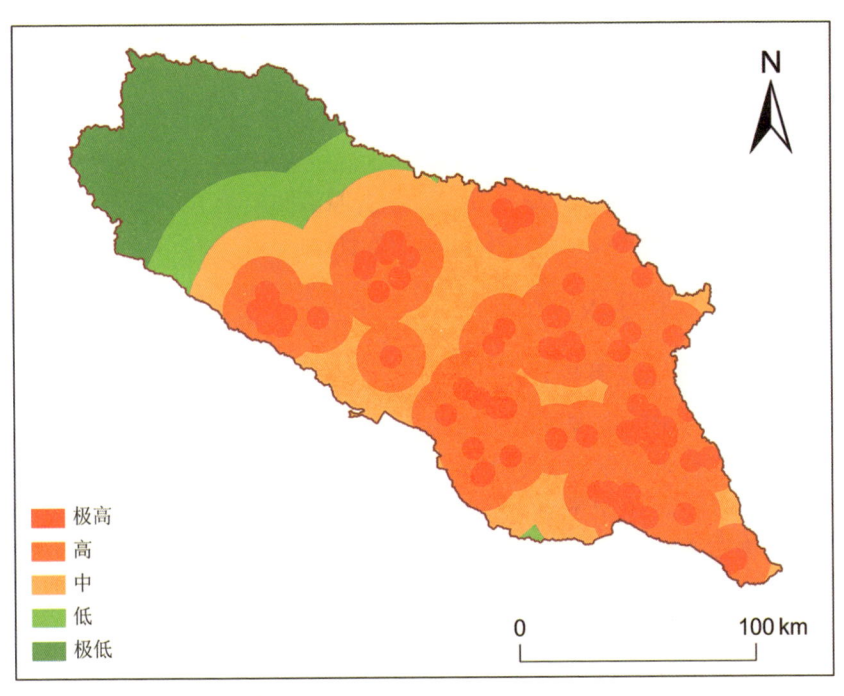

图 4-27 青海湖国家公园自然游憩资源空间集聚程度

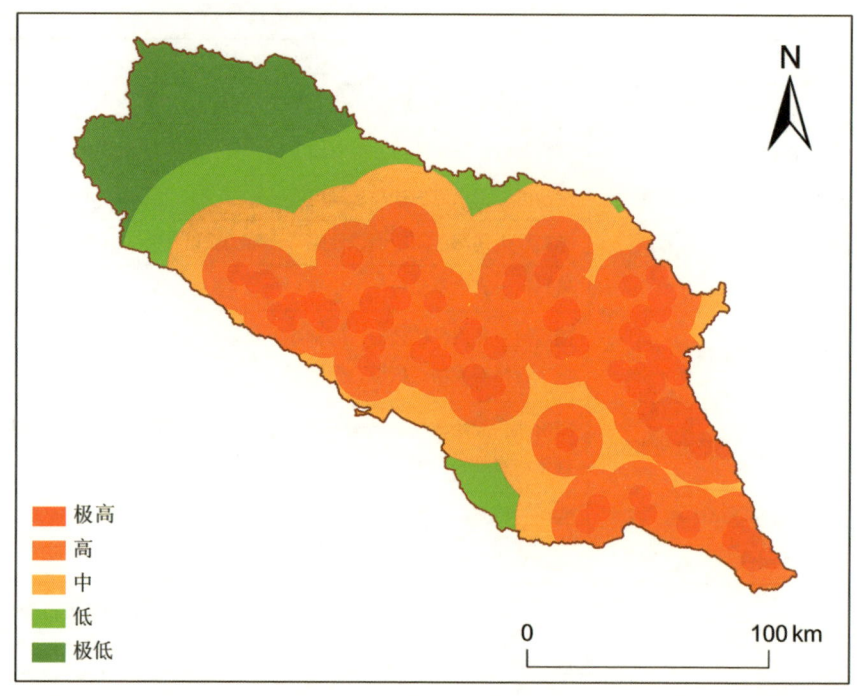

图 4-28 青海湖国家公园人文游憩资源空间集聚程度

总体来看，青海湖国家公园游憩资源空间呈非均衡分布，具有"环青海湖聚集，沿山水体分散"的空间分布格局，以青海湖环湖作为核心密集区，天峻县天峻山和扎西郡乃神山、刚察县县城及周边作为次级密集区，成为青海湖国家公园内游憩资源数量分布最多的区域，其余游憩资源沿布哈河、沙柳河、哈尔盖河、泉集河等主要河流呈线性分布，空间分布层次性较明显。

4.4.2 游憩资源等级评价

4.4.2.1 评价指标权重确定

根据第 3 章对游憩资源评价方法的指标构建，通过对评价模型中各层级对应影响因子进行取值赋分，进而得到各影响因子所占的权重（表 4-12）。在制约层有物质文化资源质量、环境特征、开发条件这些评价因子权重比例赋值上，侧重物质文化资源质量。在资源评价指标考量的赋分上，对资源遗产性上历史越久远、资源代表性上景点知名度越高、资源保护性上力度越强、生态稀有性上珍稀濒危的植物越多、生态要素上物种多样性越优，生态安全性上污染程度越低，则得分越多，反之得分越少，以增强国家公园表征的针对性和代表性（赵力等，2021）。

表 4-12 青海湖国家公园游憩资源权重指标分配

目标层(A)	制约层(B)	权重	要素层(C)	权重	评价层(D)	权重	排序
游憩资源综合评价(A)	物质文化资源质量(B1)	0.496	人文特色(C1)	0.198	历史文化价值(D1)	0.085	1
					景点知名度(D2)	0.071	5
					保护力度(D3)	0.042	8
			旅游功能和价值(C2)	0.213	生态资源完整度(D4)	0.072	4
					生态资源独特性(D5)	0.078	3
					生态资源多样性(D6)	0.022	19
					生态资源科学度(D7)	0.020	23
					生态资源利用度(D8)	0.021	20
			资源种类分布(C3)	0.085	规模化程度(D9)	0.026	15
					组合条件(D10)	0.030	13
					聚集度(D11)	0.029	14
	环境特征(B2)	0.377	生态环境(C4)	0.17	环境完整性(D12)	0.081	2
					环境适宜度(D13)	0.057	6
					生态安全保障水平(D14)	0.032	10
			科研教育(C5)	0.073	讲解设施完整性(D15)	0.026	16
					环境教育活动(D16)	0.047	7
			健康(C6)	0.063	步行适宜性(D17)	0.032	11
					自然体验(D18)	0.031	12
			社会、经济条件(C7)	0.071	旅游区安全性(D19)	0.021	21
					基础配套设施完整性(D20)	0.016	25
					旅游设施完整性(D21)	0.021	22
					地理位置(D22)	0.013	27
	开发条件(B3)	0.127	区域位置条件(C8)	0.089	游憩资源面积(D23)	0.020	24
					交通可达性(D24)	0.010	28
					周边旅游区相互影响情况(D25)	0.033	9
					旅游适宜期(D26)	0.026	17
			客流来源(C9)	0.038	客流量(D27)	0.024	18
					游客消费水平(D28)	0.014	26

4.4.2.2 游憩资源评价结果

青海湖国家公园参与游憩资源评价的单体共 237 处，根据构建的游憩资源评价指标体系和方法对游憩资源点进行实践评价。依据资源单体评价总分，将其分为五级，从高到低依次为五级游憩资源、四级游憩资源、三级游憩资源、二级游憩资源和一级游憩资源。其中，五级游憩资源10处，以中国内陆最大的咸水湖——青海湖为代表；四级游憩资源22处，以地文景观、建筑文化为主，还包括岩画、遗址等人文资源，代表了区域内独具特色的游憩资源；三级游憩资源77处，包含多种类型的自然和人文资源，其中部分已经形成一定特色和规模；二级游憩资源64处，一级游憩资源64处，二级和一级游憩资源相应知名度和相关配套设施大多尚不够完善，有待于进一步营造和挖掘。总体来看，青海湖国家公园内游憩资源类型丰富，优良级游憩资源109处，普通级游憩资源128处（表4-13），自然游憩资源和人文游憩资源密切联系、相辅相成。

表4-13 青海湖国家公园游憩资源等级评价结果

类型	等级		数量（处）	游憩资源单体名称
自然游憩资源	优良级	五级	10	青海湖、鸟岛、海心山、三块石、仙女湾湿地、沙岛、金沙湾、普氏原羚栖息地、二郎剑风景区、耳海
		四级	12	青海湖南山、年钦夏格日山、天峻沟景区、天峻山、天峻石林、哈熊沟、同宝山、瓦彦山、扎西郡乃神山、倒淌河嘛呢石、黑马河风景区、黑马河乡帐篷区日出
		三级	34	布哈河、倒淌河、尕海、海晏湾、沙柳河、五世达赖圣泉、西海神泉、青海湖裸鲤洄游主题公园、快尔玛草原、马鹿观光园、青海湖最美油菜花、岩羊群、天峻县舟群乡溶洞、神女峰、天峻峡、驼峰、秀龙沟、秀龙谷、复杂褶皱、刚察县阿塔寺组剖面、刚察县尕勒得寺组剖面、刚察哈尔盖浆混花岗岩、刚察县花石山群剖面、共和县倒淌河鲍马序列、哈尔盖二叠纪硅化木、湖滨沙丘观察点、快尔玛山、侵蚀阶地、青海湖东沙漠、青海湖东植物茎秆层、沙漠与湖水作用观察点、天峻县草地沟下环仓组剖面、天峻县大加连组剖面、天峻县切尔玛沟组剖面
	普通级	二级	6	青海湖裸鲤家园、泉吉河滨水观鱼风情园、云台、热水矿温泉、天峻山瀑布、夏格河
		一级	30	甘子河热泉、青海湖观察点、太阳湖、潟湖、潟湖观察点、月牙湖、格萨尔王栓马柱、半固定沙丘、波痕观察点、冲积扇、冲刷透镜体、断陷盆地（青海湖盆地）、堆积阶地、湖泊三角洲（布哈河）、湖积平原、湖蚀阶地、湖蚀平台、金字塔形沙丘、链状沙丘、流动沙丘、泥质湖岸、热水正断层、沙坝前缘观察点、沙波纹、沙砾质湖岸、砂质湖岸、天峻县草地沟江河组剖面、新月形沙丘、夷平面、障壁岛

4 实证案例：青海湖国家公园创建区功能区划及管控策略

（续）

类型	等级		数量（处）	游憩资源单体名称
人文游憩资源	优良级	四级	10	格萨尔王遗迹、沙陀寺、北向阳古城、刚察大寺、科才寺、白佛寺、尕海古城、尕海古城遗址、环青海湖国际公路自行车比赛、二郎剑
		三级	42	卢森岩画、鲁茫沟岩画、天峻文化旅游艺术节、天峻山石刻、古浪活佛居所、高僧修行洞、快尔玛寺、夏日哈石经院、环仓秀麻寺、秀脑寺、马头俄博、刚察小寺、环仓贡麻寺、角什科寺、加尼寺、赛德寺、亚休麻寺、日芒寺、舍布齐岩画、昆仑神祠、哈龙岩画、五世达赖圣泉祭海台、三牲拉则、十五亿绿度母本康、羊头俄博、牛头俄博、二十一度母本康、海日纳古城、沙柳河卡约遗址、情人崖、尕海祭祀台、佛海寺、祭海台、年钦夏格日山祭台、莫合口岩画、尕海湖北遗址、尕海湖南遗址、黑古城、察汉城、群科加拉古城以西遗址、中国鱼雷发射实验基地、海心山古城遗迹
	普通级	二级	58	雅孜红城遗迹、格萨尔王宝藏库遗迹、汪什代海民间艺术生态博物馆、岩画生态博物馆、舟群寺、桑木寺、天峻县清真寺、刚察清真寺、感恩塔、释藏林卡、仓央嘉措文化广场、青藏生态主题馆、沙柳河祥和塔、佛手塔、战备机场跑道、扎卡拉瓦尔玛遗址、刚察县烈士公墓、刚察老窑洞、苏式粮仓、西山遗址、哈尔盖古城、年钦夏格日山俄博、仓央嘉措情歌音乐会诗歌节、尕沙窝遗址、草夹羌湖遗址、达玉北遗址、达玉南遗址、大水塘遗址、德州烽火台、哈尔盖桥头东遗址、伙斗合遗址、里岗遗址、芦苇湖遗址、麻格什塘遗址、嘛呢哒却湖遗址、麦里根遗址、那顿湖遗址、上草褡裢湖东遗址、上草褡裢西遗址、十二营遗址、峡山脑湖遗址、下草褡裢湖遗址、斜麻扎布拉遗址、羊羌湖北遗址、羊羌湖南遗址、野登湖遗址、月牙湖遗址、扎布拉遗址、站马台烽火台、长沟梁烽火台、哈拉八仙古城堡、那亥烈古城、那亥烈遗址、元者寺、察汉城东北城堡、将军庙古城、群科加拉古城堡、大仓遗址
		一级	35	扎查寺、郭那寺、色尔仓寺、夏日哈岩画、道尕尔岩画、梅陇岩画、纳日更织合纳岩画、阿什扎河口遗址、塞尔曲(金泉)古城、塞尔曲(金泉)四社古建筑遗址(甲)和(乙)、塞尔曲(金泉)四社遗址、塞尔曲(金泉)遗址、茶布加格齐格遗址、阳陇遗址、二郎洞前古建筑遗址、达赖嘛呢1号古城址、达赖嘛呢2号古城址、天峻县烈士陵园、海神庙遗址、海神庙西北遗址、将军台古城、白城西北城堡、海神庙建筑遗址、尕旦堂东什果遗址、群科加拉古城东边建筑遗址、群科加拉古城以东遗址、群科加拉古城东南遗址、江西沟遗址、哈尔台地遗址、哈尔台地城堡、尼哈加热垭墼城堡、大仓五社以南城堡、大仓江盖古城、江盖古城堡、江盖遗址

4.4.3 游憩资源空间潜力预测

4.4.3.1 自然游憩资源空间潜力预测

青海湖国家公园自然游憩资源在总体布局上存在明显的东西差异，游憩资源空间潜力分布结果表明（图 4-29），青海湖国家公园游憩热点过于集中在青海湖及其周边等开发较为成熟的环湖地带，游憩发展空间缺乏纵深，天峻县自然游憩资源未得到有效利用，在刚察县沙柳河—仙女湾板块、海晏县三角城—沙岛板块、共和县江西沟—二郎剑板块、共和县石乃亥—鸟岛板块，出现了较明显的特级和优良级自然游憩资源群。

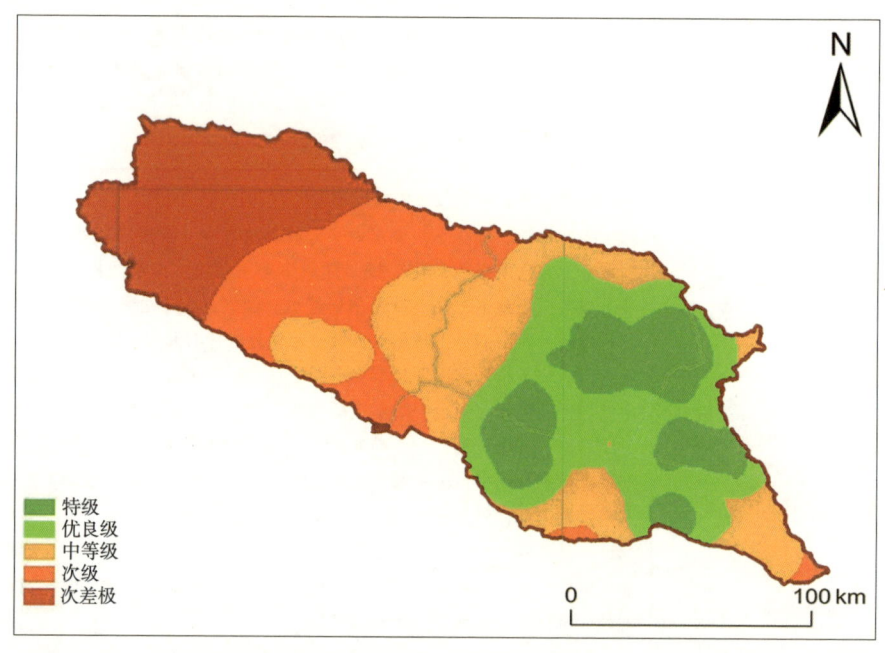

图 4-29 青海湖国家公园自然游憩资源空间潜力评价

4.4.3.2 人文游憩资源空间潜力预测

青海湖国家公园人文游憩资源在空间布局上较均衡，主要集中在青海湖环湖周边以及天峻县天峻山、布哈河地带，形成四大核心区域，以刚察县刚察大寺、沙陀寺周边为核心出现较明显的特级和优良级人文游憩资源群，包括海晏县金沙湾及沙岛周边、共和县江西沟遗址周边、天峻县县城以西格萨尔王遗址一带人文游憩资源群现象也较明显。青海湖国家公园人文游憩发展空间由东南向西北纵深，刚察、海晏、共和、天峻县人文游憩资源丰富，能够形成富有空间潜力的人文游憩资源集群（图 4-30）。

4 实证案例：青海湖国家公园创建区功能区划及管控策略

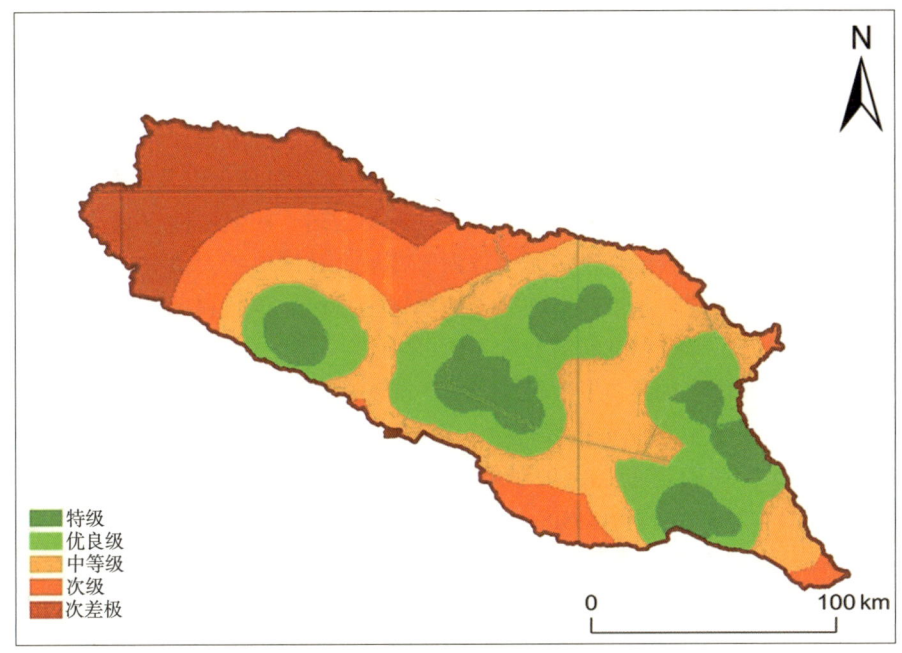

图 4-30 青海湖国家公园人文游憩资源空间潜力评价

4.5 青海湖国家公园功能区划定

4.5.1 多因素权衡

在国家公园功能分布中，权衡是一个非常重要的手段，不仅在重要生态系统和生物多样性等保护目标之间，而且在综合或特定复合生态系统保护之间。根据上述章节对青海湖国家公园各类指标的空间分析结果，以及青海湖国家公园在功能分区过程中实现"生态保护第一、国家代表性、全民公益性"的国家公园理念，基于现地调研和数据可获得的前提下，在多因素权衡过程中，各指标体系构建充分地考虑了以下几个方面。第一，体现"生态保护第一"目标的生态保护重要性空间分布，涵盖生态系统服务功能和生态敏感性的相关指标，生态系统服务功能主要考虑到青海湖创建区的生态功能特征以及发挥该区域的社会功能，在指标选取中由于该区域气温垂直变化明显、生物多样性富集以及具有独特的生态旅游资源等特征，指标具体包括气候调节、水源涵养、水土保持、生物多样性、社会文化等指标；生态敏感性则是考虑到青海湖国家公园位于青藏高原地区，自然地理特征和自然资源特征显著，指标具体包括地貌、高程、坡度、气温、降水、河流、湖泊、植被类型、植被覆盖度、植被净初级生产力（NPP）、土壤类型、生物多样性等指标。第二，体现"国家代表性"目标的主要保护对象空间分布，涵盖生态系统代表性和生物物种代表性的相关指标，生态系统代表性具体包括湖泊湿地生态系统指标；生物物种代表性具体包括普氏原羚、青海湖裸鲤旗舰物种等指标。第三，体现"全民公益性"目标的人类活动干扰空间分布以及游憩空间分布，涵盖人类活动干扰和游憩利用的相关指标，人类活动干扰强弱性空间分布在指标选取方面，由于该区域社会经济属性较强等特征，具体包括人口分布、畜牧业生产、道路交通网络、工业生产空间、土地利用等指标；游憩利用空间具体包括自然与人文游憩资源等级和空间潜力等指标。

  为了有效量化多因素在国家公园功能分区过程中的空间特征与权衡关系，基于上述章节关于生态保护重要性空间格局、人类活动干扰强弱性以及游憩空间的评价结果，在确定重点保护对象的基础上，构建功能分区多因素权衡综合识别弦图（图4-31），基于ArcGIS 10.2软件平台将各因素评价图层，通过Spatial analyst tools、地图代数、栅格计算器等功能进行空间叠置，在此基础上进行权衡识别。图4-31显示了不同指标评价流向性之间的变化，箭头的颜色代表了每种指标，包括了生态系统服务功能、生态敏感性、人类活动和自然游憩空间相关指标，颜色的深浅代表了每类指标的程度。箭头的流向代表了每种指标在功能分区的权衡之下最终的划定类型。箭头的宽度表示流向性转移的面积。该图不仅体现了国家公园功能区划中不同指标在各类功能区权衡中的流转关系，也展示了不同等级的相关指标在功能区划中扮演的差异化角色。定量刻画国家公园功能区划中各指标的权衡关系有助于反映各功能区之间的联系与差异，提升功能区划的科学性与全面性，并且对于其他国家公园功能区划提供技术路径参考。

  具体在分析划定过程中，青海湖国家公园功能区应包括生态保护、生态修复、游憩利用等多种功能（图4-31）。按照保护重要性递减和发挥多重功能的整体思路，将国家公园功能分区进一步划分为严格保护区、生态保育区、控制协调区、传统利用区、科教游憩区5个功能区。其中，将生态系统服务功能极重要（E-E）、生态敏感性极敏感（S-E）和无人类活动干扰（H-N）的区域划为严格保护区，保护了7.65%的生态系统服务功能极重要区域，23.69%的生态敏感性极敏感区域，35.63%的人类活动无干扰区域；将生态系统服务功能重要（E-H）、生态敏感性高度敏感（S-H）和人类活动轻度干扰（H-U）的区域划为生态保育区，保护了40.45%的生态系统服务功能重要区域，20.44%的生态敏感性较高敏感区域，25.51%的人类活动轻度干扰区域；将生态系统服务功能中等重要（E-M）、生态敏感性中度敏感（S-M）和人类活动中度干扰（H-M）的区域划为协调控制区，

4 实证案例：青海湖国家公园创建区功能区划及管控策略

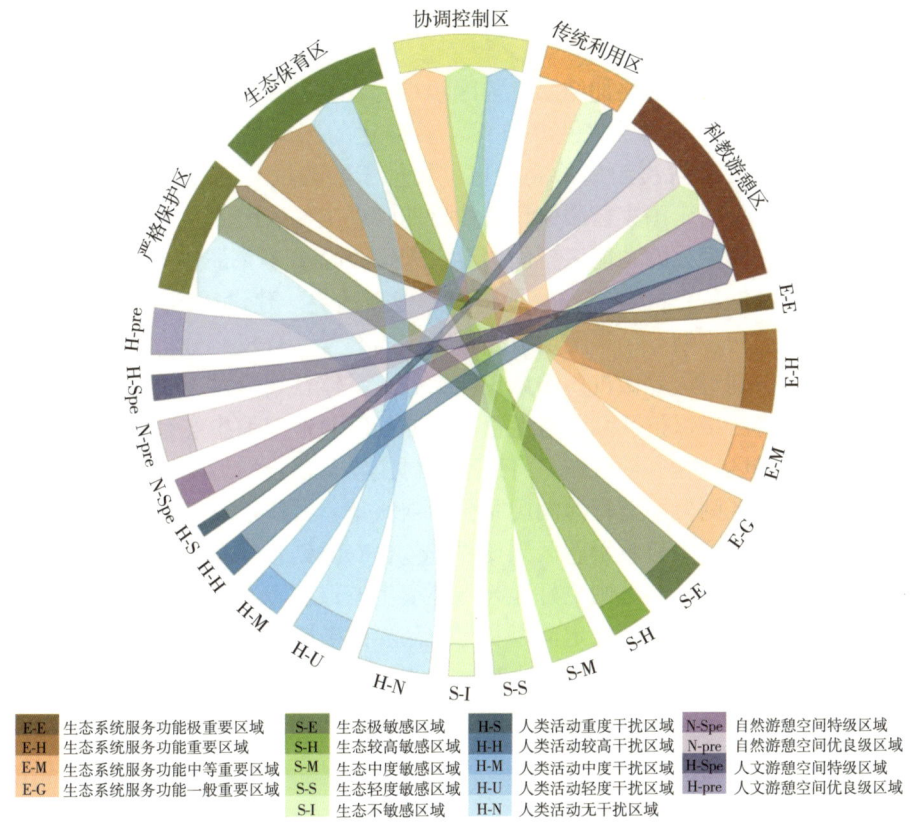

图 4-31　青海湖国家公园功能分区多因素权衡弦图

保护了 24.47% 的生态系统服务功能中等重要区域，23.61% 的生态敏感性中度敏感区域，18.64% 的人类活动中度干扰区域。与此同时，综合考虑游憩适宜性和空间潜力以及科研监测、科普教育及原住民生活生产空间等利用需求，将生态系统服务功能一般重要(E-G)、生态敏感性不敏感(S-I)和人类活动重度干扰(H-S)的区域划为传统利用区；将生态系统服务功能一般重要(E-G)、生态敏感性轻度敏感(S-S)和人类活动高度干扰(H-H)以及特级游憩资源集群潜力空间(N-Spe、H-Spe)和除湖泊外具有特品级游憩资源点的区域划为科教游憩区。

综上所述，青海湖国家公园功能分区在多因素权衡过程中充分考虑"生态保护第一"的基础上，通过协调生态保护和区域发展的需求，兼顾国家公园科研监测、生态旅游、科普教育及原住民生活生产空间等现实需求，将权衡多因素的空间定量研究结果转化为符合青海湖国家公园实际情况的功能分区空间方案，保证分区结果的科学性、合理性以及适用性。同时，为青海湖国家公园功能区空间划分奠定了必要的条件和科学依据。

4.5.2 功能区划定

基于上述多因素权衡叠加结果，各因素指标在空间图层叠加过程中，ArcGIS 10.2软件处理和数学运算会产生不连续、破碎化的图斑，一方面不利于精准识别功能区边界位置和解决矛盾冲突图斑，如位于边界的村庄、耕地、道路等图斑；另一方面也不便于国家公园管理机构后期管理工作。因此，为进一步识别更加精确的青海湖国家公园功能区空间边界，采用30m分辨率的遥感影像、行政村居民点等基础数据信息（图4-32），如将自然地理边界、建设用地范围以及村庄、居民点等与上述初步划分结果图层数据进行空间叠置综合权衡分析，通过量化分析与目视解译识别对边界做进一步修正和细分。具体在划分过程中，根据边界比对实际情况，将严格保护区和生态保育区边界处的湿地湖泊生态系统、普氏原羚栖息地等不完整区域纳入该区域，将道路、村庄以及建设用地交错区域不纳入该区域。传统利用区则要涵盖青海湖国家公园内城镇、村庄以及人口密集区等整体空间，以便有效管理。科教游憩区则要尽量包含二郎剑、仙女湾等独特的自然景观和自然遗迹；协调控制区则更好地起到环境生态保护和发展利用之间的空间关系。综合考虑道路交通、河流走向以及行政区界的破碎和切割情况，将同类型空间单元进行归并或剔除；图斑面积小且被分割的单元、形成孤岛的空间单元也应归并或剔除。由此，经过以上修正和细化，最终得到图纸和现实状况匹配的青海湖国家公园功能分区方案（图4-33）。

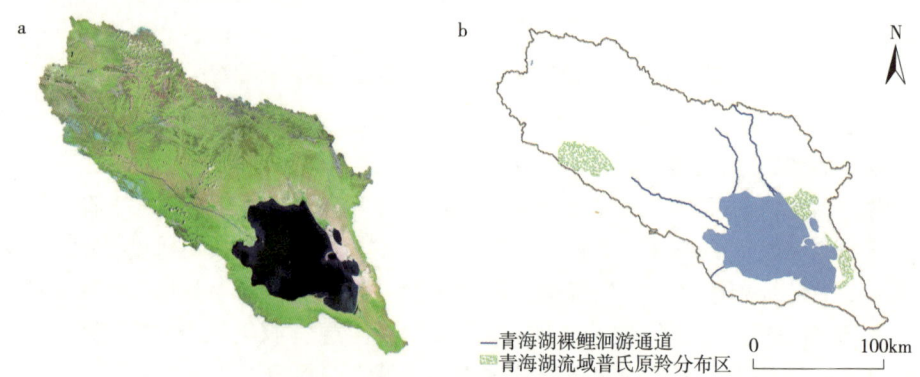

图4-32　青海湖国家公园基础要素分布

注：a. 自然地理边界；b. 行政区及乡镇村居民点。

综上所述，青海湖国家公园具有高海拔独特的水热条件，孕育了森林、湖泊湿地、沼泽湿地等高寒地区特有生态系统类型，构成了青海湖国家公园重要的生态基础和高海拔独有的生物多样性。通过以上功能区划分，各生态系统与高原环境相互影响、相互制约，并在一定时期内处于相对稳定的动态平衡状态，并不断提供水源

4 实证案例:青海湖国家公园创建区功能区划及管控策略

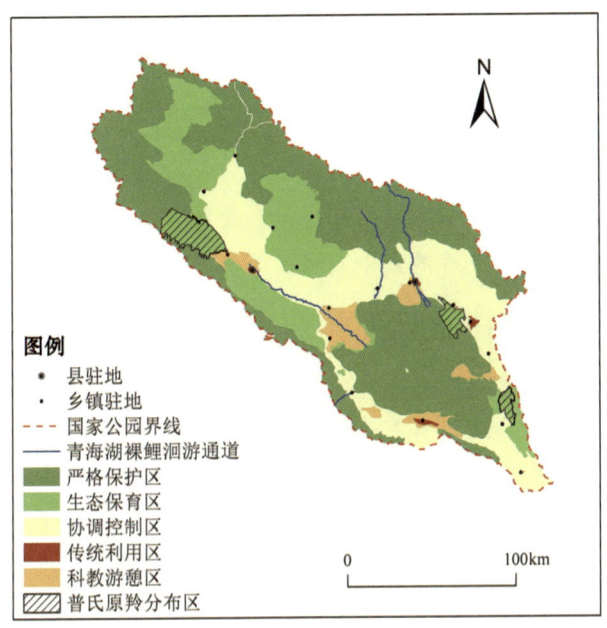

图 4-33 青海湖国家公园功能分区

涵养、水土保持、气候调节、游憩休闲等重要的生态服务功能,河流湿地提升了流域生态服务功能,也为各物种提供重要生存空间,便于青海湖国家公园长远规划和管控的可操作性,减轻后续管理负担,增强全民公益性。具体功能分区方案如下。

严格保护区面积 15 038.93km²,该区域保护着完整的森林生态系统、高寒草甸生态系统等自然生态地理单元,维持流域复合生态系统功能,保障青海湖裸鲤源头洄游通道的畅通,促进普氏原羚、水鸟等野生动物的重要栖息地的连通性和质量提升,保证青海湖的水源补给、水体质量、上游水源涵养功能及流域内水循环的稳定性、原真性、完整性不受影响。

生态保育区面积 6277.21km²,该区域含有重要并脆弱的自然生态系统,以及青海湖裸鲤和普氏原羚的栖息地,主要用于隔绝或减缓外部环境对严格保护区生态系统的干扰,主要以自然恢复为主,必要时可以辅以人工干预措施,维护国家重点保护物种栖息地和生态系统的完整性,实现栖息地生态廊道的连通性。

控制协调区面积 6923.48km²,该区域草地等生态系统利用程度较高,但生态脆弱性相对稳定,主要用于隔离或减缓科教游憩区对生态保育区的人为干扰。在区域生态状态稳定的前提下,可以在一定约束条件下开展长期研究和定期观测,适度发展绿色、有机畜牧业,推进牧民转产转业,逐步降低人类活动,减轻草地载畜压力。根据未来生态空间变化情况,及时调整该功能区空间范围。

传统利用区面积 131.13km²，该区域有良好的牧草场，相对完善的城镇建设和基础设施，主要为原住居民生产生活空间，也可以为游客提供住宿和餐饮等业态服务。

科教游憩区面积 1290.25km²，该区域具有相对丰富且独特的自然游憩资源和人文游憩资源，是青海湖、鸟岛、沙岛、仙女湾湿地、原子城等访客体验的聚集地，便于开展自然体验、生态旅游和休憩康养等活动。该区域也是青海湖国家公园作为国际生态旅游目的地的集中展示区域。

4.5.3 功能区生态特征识别

在验证了功能分区方案的合理性后，根据保护强度和斑块分布等因素，赋予空间区划不同的功能，形成具有管控意义的功能区划。其中，严格保护区、生态保育区、控制协调区以保护功能、生态功能为主要功能，传统利用区、科教游憩区在不破坏原有生态环境的前提下，以服务社会为主要功能。各分区生态特征如表 4-14 所示。

表 4-14 青海湖国家公园功能类型与生态资源特征

功能分区类型	面积（km²）	占比（%）	片区数量（个）	生态资源特征
严格保护区	15 038.93	50.70	6	青海湖及环湖湿地等河流、湖泊湿地生态系统、森林生态系统和河流多辫状水系
生态保育区	6277.21	21.16	7	青海湖裸鲤、普氏原羚等珍稀濒危野生动物及其栖息地、高寒草甸区域
协调控制区	6923.48	23.34	2	高寒草甸、沙漠化区、生态系统脆弱或草地退化区域
传统利用区	131.13	0.44	18	以三洲四县城镇、居民点为主，生态系统总体稳定，有一定的经济社会发展基础
科教游憩区	1290.25	4.35	6	重要的自然景观、文化遗迹等区域

4.6 青海湖国家公园游憩管控与容量控制策略

4.6.1 游憩活动及行为管控

游憩是国家公园的主要功能之一（张朝枝等，2019），尤其是青海湖国家公园作为国际生态旅游目的地，游憩管控有助于在保护生态系统的前提下，提高全民共享性和访客的满意度。许多学者认为，过度的游憩活动给国家公园生态系统完整性和生物多样性系统保护带来了威胁(Zhou et al., 2013，何思源等，2019b)。通过对游憩资源、行为活动以及游客规模等的管控设定可以较好地促进国家公园事业的健康发展。比如，科教游憩区和传统利用区允许访客直接进入，严格保护区和生态保育区限制或禁止访客进入，或者可通过其他技术手段供访客间接体验。游憩资源管控旨在维持和提高区域或场地对游憩活动的适应性，而有效的游憩资源管控的重要环节是监测生态系统变化过程，根据影响指标的变化趋势，采取相应的措施将环境变化的幅度控制在可接受的范围内(贾倩等，2017)。因此，在进行分区游憩活动管控时，无论是个人还是公园管理机构，需要对不同分区空间内的游憩活动采取相关的激励、引导或限制态度。图4-34是国家公园在分区和游憩活动的相关影响关系基础上结合青海湖实际所得。

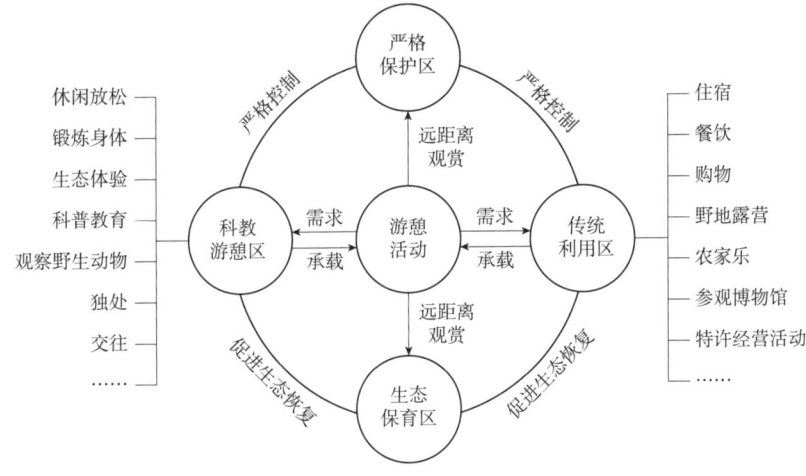

图4-34　不同分区游憩活动和行为理想状态图解

4.6.2　生态环境容量控制

国家公园生态环境容量控制是开展游憩活动的先决条件(黄骁等，2020)，也是发挥国家公园社会功能的重要内容，科学地预测国家公园生态环境容量以及访客数量，是国家公园游憩管理的基础，也是实践功能分区结果的重要依据。由于各分区保护强度、保护对象、游憩利用等管控方式的不同，控制环境容量的类型也应有差异，故采用同一类别进行测算的传统测算方法是不够科学的。鉴于此，本书以区域内环境影响因素、环境资源类型、游客体验产品及经营管理方式等为依据确定分区的生态环境容量测算类型，主要分为自然环境容量和游憩空间容量两类。在游憩空间容量中，严格保护区禁止人类活动，空间容量为0；生态保育区以科学考察、生态修复类项目为主，原则上禁止人类活动，空间容量为0；协调控制区为动态变化预留空间范围，原则上限制人类活动。因此，仅科教游憩区和传统利用区存在生态体验、科普教育、游憩观光、户外运动等活动,需要对其进行生态环境容量测算。

自然环境容量是指不影响自然资源品质和生态状况的情况下,功能分区在特定的空间尺度上所能满足的最大访客人次。目前,由于我国国家公园生态容量没有相关规范标准,一般情况下的自然环境容量主要包括水与大气环境、固体废弃物量、植被环境等4个方面(黄骁等,2020)。

(1) 水体环境容量

根据青海湖国家公园本底调查数据结果,水体环境污染物容量为134.16万t/a(表4-15),人均生化需氧产生量为40g/(人·d)(保继刚和楚义芳,2003),通过公式计算得到,水体环境容量为9189.04万人次。

$$Q(w) = S(w)/P(w) \quad (4\text{-}1)$$

公式(4-1)中,$Q(w)$代表水体环境容量;$S(w)$代表水体环境污染物容量;$P(w)$代表人均污水生产量。

表4-15 青海湖国家公园废水污染物排放总量

指标名称	计量单位	县	排放总量	工业源	农业源	生活源	集中式治理设施
废水	万t	合计	134.156 95	60.480 95	0	73.585	0.091
		天峻县	0	0	—	0	0
		刚察县	134.156 95	60.480 95	—	73.585	0.091

(2) 大气环境容量

根据青海湖国家公园本底调查数据结果,公园总面积为29661km²。森林在净化环境空间方面作用显著,具有吸收二氧化碳、二氧化硫等有害气体以及减少粉尘等作用。公园内森林总面积为1022.96km²,人均需拥有绿地面积为40m²/人(周建东,2009),通过公式可计算得到,大气环境容量为2557.4万人次。

$$Q(a) = S(a)/P(a) \quad (4\text{-}2)$$

公式(4-2)中,$Q(a)$代表大气环境容量;$S(a)$代表公园总面积;$P(a)$代表人均需拥有绿地面积。

(3) 固体废弃物处置能力

国家公园对环境保护需求较高,一般采用人工处理方式,较少采用自然净化的方式处理固体垃圾。因此,固体垃圾环境容量是指每日处理固废总量和人均固废生产量加以计算。根据青海湖国家公园本底调查数据结果,公园内共有垃圾填埋场6处(表4-16),可处理垃圾19.8t/d,人均固体废弃物产生量为500g/(人·d)(保继刚和楚义芳,2003),通过公式计算得到,固废处置能力为3.96万人次。

$$Q(g) = S(g)/P(g) \tag{4-3}$$

公式(4-3)中，$Q(g)$ 代表固体垃圾环境容量；$S(g)$ 代表每日处理固体垃圾总量；$P(g)$ 代表人均固体垃圾生产量。

表 4-16　青海湖国家公园垃圾填埋场数量

县	名称	地址	地理坐标	
			经度(°)	纬度(°)
天峻县	天峻县江河镇垃圾填埋场	天峻县索德牧委会	99.331 078	37.292 269
	天峻县舟群乡垃圾填埋场	天峻县吉陇牧委会	99.390 506	37.618 056
	天峻县新源镇垃圾填埋场	天峻县达尔角合牧委会	99.043 325	37.258 567
刚察县	刚察县城镇生活垃圾填埋场	刚察县伊克乌兰乡	100.062 561	37.298 903
	哈尔盖镇垃圾填埋场	青海湖农场	100.425 478	37.189 374
	泉吉乡垃圾填埋场	刚察县泉吉乡	99.850 017	37.270 739

（4）生物环境容量

生物环境容量估算主要反映访客对生物的破坏程度，主要是指对公园内道路两侧植物和植被破坏行为，以及对野生动植物的捕杀和偷猎行为等(黄骁等，2020)。青海湖国家公园科教游憩区在计算生物环境容量时，以主要景点游览线路里程和访客沿线活动范围为依据，从而计算出生物环境容量。根据青海湖国家公园本底调查数据结果，公园科教游憩区面积为 1290.25 km²，由于青海湖国家公园游览线路主要为环湖一圈，可供访客活动区域约为 200 km²，人均生物影响承受标准面积为 15 m²/人(保继刚和楚义芳，2003)，通过公式可计算得到，生物环境容量为 133.33 万人次。

$$Q(v) = S(v)/P(v) \tag{4-4}$$

公式(4-4)中，$Q(v)$ 代表生物环境容量；$S(v)$ 代表游览面积；$P(v)$ 代表人均生物影响承受标准面积。

（5）环境容量

根据各功能分区自然资源类型，以阈值最小值作为游憩生态容量。因此，青海湖国家公园生态环境容量为 3.96 万人次。

$$TECC = Min[Q(w), Q(a), Q(g), Q(v)] \tag{4-5}$$

公式(4-5)中，$Q(w)$ 代表水体环境容量；$Q(a)$ 代表大气环境容量；$Q(g)$ 代表固体垃圾环境容量；$Q(v)$ 代表生物环境容量。

(6)游憩空间容量

游憩空间容量是指在一定时间条件下,所依赖的游憩资源、游览空间等有效物理环境空间能够容纳某一时段内(如一天)的最大访客数量(孙元敏等,2015;张冠乐等,2016)。根据青海湖国家公园分区特点,利用面积测算法计算分区的访客容量(表4-17),面积测算法的公式为(钟林生,2003):

$$C = \frac{A}{a} \times D \tag{4-6}$$

公式(4-6)中,C代表日环境容量;A代表可游览面积;a代表每位访客应占有的合理面积(科教游憩区 200m²/人和传统利用区 100m²/人);D代表周转率($D=\frac{景点开放时间}{游完景点所需时间}=\frac{9}{4 \times 24}=0.09375$)。

表4-17 青海湖国家公园各分区生态旅游环境容量

功能区类型	面积(km²)	访客容量(人次)
严格保护区	15 038.93	禁止
生态保育区	7676.90	禁止
协调控制区	6923.48	原则上限制
传统利用区	131.13	122 934
科教游憩区	1290.25	604 805

4.7 青海湖国家公园管控计划与准入机制策略

4.7.1 空间管控计划

4.7.1.1 分区管控实施路径

国家公园强调全民公益性,公园范围内自然资源应属全体国民所有。为了实现青海湖国家公园功能分区方案实践落地,必须对其空间用途予以一定的限制(唐小平,2020),研究其所在地区权(行政)、钱(财政)、法(法律)、地(土地)、人(社区)等5个方面(杨锐,2021)。同时,根据湖泊湿地生态系统与普氏原羚、湟鱼等旗舰物种栖息地作为青海湖国家公园重点保护对象,细化分区管控空间单元,优化管控流程,提高管控实效。因此,国家公园制定"分区+许可清单"的管控路径，有助于提高生态保护的有效性。图 4-35 为国家公园分区空间准入负面清单管控实现路径。

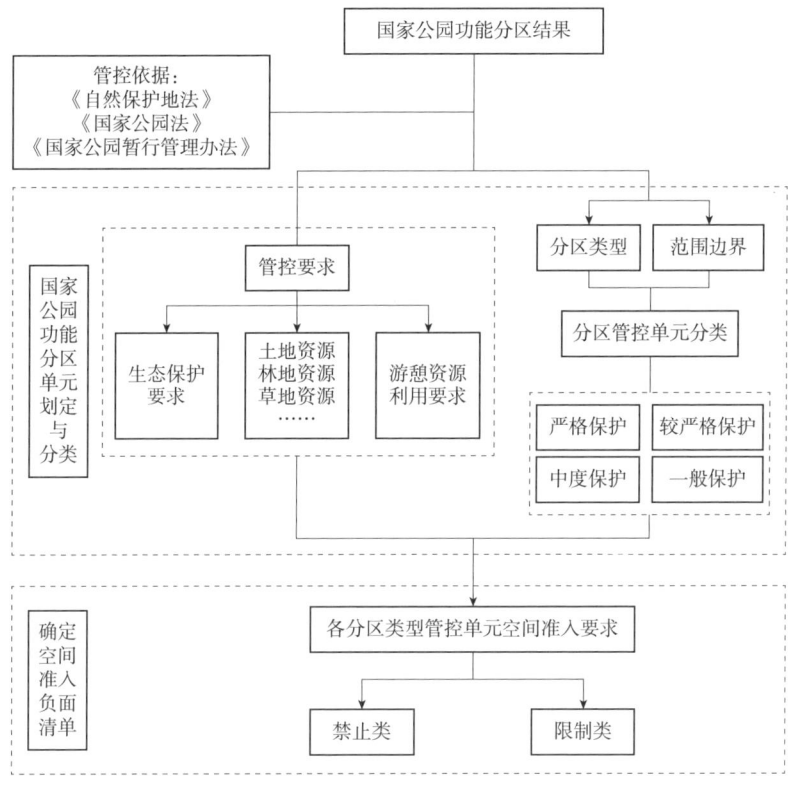

图 4-35　国家公园分区空间准入负面清单管控实现路径

4.7.1.2　分区管控内容与类型

考虑到生态文明建设和自然资源管理体制深化改革等相关要求，青海湖国家公园自然资源管理对象主要有 8 大类（表 4-18）。这样分类基本与现行的自然资源法体系类型、自然资源行政管理部门划分及其调查统计体系一致，便于利用各类自然资源历年形成的调查统计技术体系及其数据资料成果开展研究，并进行管理。

表 4-18　青海湖国家公园自然资源类型及管理重点

类型	依据	管控重点
土地资源	《中华人民共和国土地管理法》等	土地利用类型、数量、空间分布及主要特征等
森林资源	《中华人民共和国森林法》等	森林资源的类型、数量、结构、权属、保护等级、保护治理等现状及其空间分布和主要特征

(续)

类型	依据	管控重点
草地资源	《中华人民共和国草原法》等	草地类型、数量、权属、退化状况、保护治理现状及空间分布。流域内草原承包面积、禁牧和草畜平衡面积及空间分布
湿地资源	《中华人民共和国湿地保护法》等	湿地类型、面积、分布、保护治理现状及主要特征
水资源和水环境	《中华人民共和国水法》等	水资源总量、地表水和地下水量、河川径流量及可利用水资源量，生产用水、生活用水和生态用水量现状，饮用水源地状况，水质及水环境状况等
生物资源	《中华人民共和国野生动物保护法》《中华人民共和国陆生野生动物保护实施条例》《生物多样性公约》等	植被类型、面积、结构、分布及主要特征等。野生维管植物的种类、珍稀濒危保护特有野生植物的种类、数量、分布和保护现状以及外来物种的种类及分布；流域内野生脊椎动物的种类、珍稀濒危保护特有野生动物的种类、数量、分布、保护现状以及外来物种的种类和分布现状
自然景观资源	《中华人民共和国风景名胜区管理条例》等	自然景观(地文景观、水文景观、生物景观、天象景观及气候景观等)资源类型、特征、形态、组合、分布及保存利用状况，评价其科学价值和美学价值，建立自然景观资源数据库
地质遗迹资源	《地质遗迹保护管理规定》等	地形地貌、地层岩性、地质构造、海拔高度、岩溶现象等基本特征，成因分析与水文地质意义判别

  对于国家公园内国家所有的土地及自然资源，直接由国家公园管理机构进行统一管理，保障实现其全民所有的公益性。而对于国家公园内集体土地占比高的情况，逐步减少集体土地，提高全民所有的自然资源资产的比重，或通过采取多种措施对集体土地等自然资源进行统一的用途管制。国家公园内集体所有的土地及自然资源，在严格保护区和生态保育区内，在政府财政和资金的支持下，可以通过征收方式将集体土地转化为国有，逐步实现生态移民搬迁。在无力征收或进行生态移民搬迁的情况下，由地方人民政府征求所有权人、使用权人同意，签订协议设立自然资源综合体地役权，明确双方的权利、义务，在不剥夺社区居民土地收益权的前提下，实现国家公园的生态保护效能。对于科教游憩区的土地，应在自然资源资产统一确权登记的基础上，充分征求所有权人、使用权人同意，采用特许经营方式，带动自然资源集体所有者参加到国家公园的建设中来。对于传统利用区内的集体土地，原则上维持原有的范围和管理关系不变。有条件的社区，在符合规划的前提下，可利用这部分土地开展生态经济产业等服务活动(表4-19)。

4 实证案例：青海湖国家公园创建区功能区划及管控策略

表 4-19 国家公园自然资源分区分类管控方式

自然资源权属	功能区类型	管理方式
国家所有	所有功能区	国家公园管理机构按照功能分区要求统一管理
集体所有	严格保护区、生态保育区、协调控制区	将集体土地或自然资源征收为国有，进行生态移民搬迁；签订协议设立地役权等，实现生态保护效能
	科教游憩区	采用租赁、置换等方式，吸纳自然资源集体所有者参与国家公园的经营管理
	传统利用区	引导集体土地所有者或使用者在符合规划的前提下开展与国家公园管理经营相一致的建设活动

4.7.2 空间准入负面清单

空间准入清单是国家公园功能分区落实用途管制的关键措施，也是从土地用途管制转变为空间用途管制必不可少的管制手段（黄征学和吴九兴，2020），其目的是明确国家公园内每个功能片区受保护的严格程度和实现的主要功能，从而在管理政策上协调资源保护与利用之间的关系。国家公园空间准入负面清单管控实际上就是分类明确禁止或限制或管控有损害生态系统的活动和行为，确定生态环境准入的要求和底线，主要涉及建设生产空间、营商生活空间、户外游憩空间行为等内容。国家公园空间准入清单是有效实践的管控基础，通过建立和实施各种环境情况下的管控机制并予以执行，从而达到相应的管控效果，强化空间准入的监管力度，实现青海湖国家公园生态环境保护利用的基本要求。

针对青海湖国家公园生态环境与社会经济发展的实际需求，经过多次征询有关专家和管理机构的建议，以《中华人民共和国自然保护地法》（征求意见稿）和《中华人民共和国国家公园法》（征求意见稿）约束为基本原则，制定了青海湖国家公园负面清单管控等级，可分为禁止、限制 2 个级别（表 4-20）。

表 4-20 青海湖国家公园功能分区负面清单

功能分区	管控等级	清单内容
严格保护区	禁止类	严格禁止各类建设项目和游憩活动，除了经批准的科学研究、资源监测和防灾减灾救灾类建设项目以及满足国家特殊战略需要的有关活动
	限制类	严格限制，只允许必须且无法避让的重要生态环境整治、生态修复建设等国省重大项目，以及原住民生产生活设施维修建设项目
生态保育区	禁止类	严格禁止开发性、生产性、经营性建设项目（国家战略性项目除外）；除列入生态保育区限制类建设项目以外的其他建设项目

(续)

功能分区	管控等级	清单内容
生态保育区	限制类	严格限制生态旅游、自然教育和公共服务设施建设项目；只允许必须的原住民生产生活基础设施维修项目，以及对生态环境不造成破坏的科学考察活动和宗教设施建设项目
协调控制区	禁止类	严格禁止建设旅游度假区、大型酒店、房地产开发等各类建设；采石挖沙、毁林开荒等对自然生态环境造成破坏，影响自然景观和遗迹的建设项目；超出生态承载能力的畜牧业；除列入协调控制区建设项目以外的其他建设项目
协调控制区	限制类	严格限制生态体验、自然教育、森林康养、游憩服务、科普宣教、林下经济等建设项目；各类线性基础设施建设项目；各类公用基础设施、公共服务设施建设项目；原住民生产生活设施新建、改(扩)建建设项目

从各功能区空间准入内容上看，负面清单就是把"三生"空间科学、有效地界定和划分出来，促进不同功能区有效发挥主导功能。国家公园资源的严格保护和合理利用以及发挥区域空间功能，不能仅仅限于政府这个单一主体，还需要吸纳访客、原住民、专家学者、特许经营者等的建议，做到社会各界多方参与决策管理。例如，对在严格保护区内已有的基础设施项目是否有必要拆除这一情况，要充分论证和调查取证，避免现有政策与现实情况脱节。

4.7.3　管控目标与措施

4.7.3.1　严格保护区

严格保护区内禁止人为活动。经青海湖国家公园管理机构批准，可以进行管护巡护、保护执法、资源调查和监测、防灾减灾、应急救援，以及开展必要的科研监测和保护设施、重要生态修复工程、病害动植物清理、增殖放流等活动，如非水鸟繁殖季的限量、限时登岛科考体验等。对该区域内自然资源和生态环境绝对保护，禁止设施建设。具体管控细则如表4-21。

表4-21　青海湖国家公园严格保护区管理目标与管控措施细则

分区名称	保护程度	管控目标	游憩活动	游览设施	内部交通	居民社会	土地利用	基础设施
严格保护区	严格保护	保护中国内陆最大咸水湖青海湖、湖泊湿地生态系统，以及高原沼泽湖泊河网原始景观的自然原真性和完整性，维育青藏高原东北部生态安全，提高水源涵养功能	禁止人类活动	禁止游览设施	禁止游道和车道	无居民	全部为生态保护用地	禁止地上、地下基础设施

4.7.3.2 生态保育区

生态保育区原则上禁止人类活动。经青海湖国家公园管理机构批准，允许限制性科学考察。严格执行草畜平衡条件下的畜牧活动，对遭到不同程度破坏需要恢复的区域可采取必要的生态修复措施，如沙化土地和退化草地治理、水土流失防治和自然封育等。维护栖息地生态系统的完整性，实现栖息地生态廊道的连通性。具体管控细则如表 4-22。

表 4-22 青海湖国家公园生态保育区管理目标与管控措施细则

分区名称	保护程度	管理目标	游憩活动	游览设施	内部交通	居民社会	土地利用	基础设施
生态保育区	较严格保护	保护普氏原羚、青海湖裸鲤等旗舰物种和种群恢复，以及其主要栖息地的完整性；隔绝或延缓外部因素对严格保护区的干扰	限制人类活动	禁止游览设施	禁止游道和新建车道	无居民	全部为生态保护用地	无地上、地下基础设施，允许人工生态修复工程项目实施

4.7.3.3 协调控制区

协调控制区原则上限制人类活动，可根据生态环境健康程度，在保证生态环境不受破坏的情况下，可进行科研、教学、生态体验活动；按照区域国土空间规划，优化人类活动干扰区域边界，协调生产生活空间，保障原住居民生产生活水平及收入来源，控制经营内容及规模，减轻草场载畜压力。具体管控细则如表 4-23。

表 4-23 青海湖国家公园协调控制区管理目标与管控措施细则

分区名称	保护程度	管理目标	游憩活动	游览设施	内部交通	居民社会	土地利用	基础设施
协调控制区	中度保护	维持高寒生态系统健康稳定，提高水源涵养功能；以自然恢复为主，允许采取必要的人工干预，加快退化草地恢复	在生态环境承载力范围内可以允许访客进入，进行科普教育、生态体验等生态游憩活动	允许部分游憩基础设施建设，可设休息亭、观景台等非永久性设施	除必要基础交通通道外，推行内部环保机动车交通	保障原住民生产生活水平及收入来源	全部为生态保护用地	必要的基础设施管线均应该埋地化处理

4.7.3.4 传统利用区

传统利用区原则上限制利用,在保证原住民基本生产生活需求上,按照区域国土空间规划,严格管控建设用地规模。允许原住民在不扩大原有规模的基础上进行生产、生活、公共服务的设施修建及维护,其他区域坚持草畜平衡政策,适度发展绿色有机生态畜牧业。具体管控细则如表 4-24 所示。

表 4-24 青海湖国家公园传统利用区管理目标与管控措施细则

分区名称	保护程度	管理目标	游憩活动	游览设施	内部交通	居民社会	土地利用	基础设施
传统利用区	一般保护,限制利用	维持草畜平衡,人口与自然环境承载力相协调;适度发展生态产业,社区和谐发展	访客进入不受限制,访客集中集散区	服务设施集中布置在县城、村镇和社区	具有较为成熟的交通线路并与外界建立通达的交通联系	原住民聚集区	城镇建设用地、公共服务设施用地等	完善的电力、电信、给排水系统,网络设备以及吃住行等基础设施

4.7.3.5 科教游憩区

在生态环境保护前提下允许设施建设,科教游憩区是访客游憩活动的主要区域,可开展生态体验、自然教育、社会实践、户外运动、文化体验、生态研学夏令营等游憩活动。允许部分游憩设施建设,向访客提供学习及游憩场所。同时,完善区域内的交通设施、安全保障设施等配套建设,推动区域内的传统经济转型与绿色发展。具体管控细则如表 4-25 所示。

表 4-25 青海湖国家公园科教游憩区管理目标与管控措施细则

分区名称	保护程度	管理目标	游憩活动	游览设施	内部交通	居民社会	土地利用	基础设施
科教游憩区	一般保护,适度利用	适度开展生态体验、自然教育等活动,是展示自然与人文资源的重要场所,以及环境教育的重点区域	可开展生态体验、户外运动、自然观光、自然教育等游憩活动	可以建立不损害生态环境的游览设施	可以有直达机动车,但应该对过境车辆进行限制	原住民参与到生态旅游经营、建设等活动中	保护自然用地,严格限制建设用地	在不扩大规模的基础上进行生产、生活、公共服务的设施修建及维护

5 结论与展望

5.1 主要研究结论

以国家公园为主体的自然保护地体系建设是有效维护我国生物多样性和应对气候变化的基石，是为子孙后代留下珍贵的自然资产的重要区域，而科学合理的功能分区及管控是解决国家公园内各种矛盾冲突最为关键的因素，也是维护国家公园管理机构、访客、原住民、特许经营者等多方利益相关者合法发展权益的重要手段。然而，我国目前并没有具体且成熟的国家公园功能区划方法体系。针对当前国家公园分区中需要增强科学性和普适性以及新时代背景下国家公园空间治理亟待加强和优化等问题，本书在总结国家公园功能区划相关理论和实践的基础上，提出了国家公园功能区划"功能+结构"理论框架；通过实地调查和数据分析，厘清了青海湖国家公园自然资源和人文资源的空间特征；构建了国家公园功能区划方法体系，设计了基于空间格局分析和多因素权衡下的国家公园区划的技术流程与评价方法，实证了青海湖国家公园功能区并提出相应管控措施。综上，本书优化了国家公园功能区划的基本理论和技术方法，可为陆域国家公园、自然保护区等空间功能区划方法提供具有可操作性的参考和借鉴。主要结论如下。

（1）深化和细化了国家公园功能及区划的理论认知，构建了国土空间规划视角下基于核心功能的陆域国家公园功能区划理论框架

通过对国家公园及分区的发展历程进行梳理，对我国国土空间规划体系与国家公园功能进行对比辨析，解析上位国土空间规划体系与下位国家公园功能分区之间的相互关系。首先，将国家公园的主要功能划分为保护功能、生态功能、社会功能3个维度，三维一体。3个维度中任一个维度上的功能可再细化，构建了三维多层级开放性的国家公园主要功能内容框架体系，其中，保护功能的自然生态系统保护功能与生态功能的生态系统服务功能形成的国家公园核心功能作为本书功能区划理论的基础。其次，通过生态系统服务功能空间格局和生态敏感性空间格局两者评价结果形成的生态保护重要性格局，达到定量化和空间化体现其国家公园核心功能。

最后，在生态保护重要性格局基础上，结合人类活动干扰空间格局，提出了国家公园生态功能保护格局的概念。综上，通过国家公园功能解构以及重点辨识生态保护重要性格局的空间分布特征，奠定了国家公园功能区划实现"生态保护第一"的空间格局的基础，也是承接国土空间规划体系关联划定国家公园功能分区的有效途径。

(2) 提出了基于生态功能保护格局的功能区划指标体系框架，构建了基于空间格局分析与多因素权衡的国家公园功能区划方法体系

针对国家公园生态功能、保护功能和社会功能需求之间的不同价值取向，以及青海湖国家公园多源数据集的建构和空间资源特征分析，提出基于生态功能保护格局的分区指标框架，筛选了7类共26个影响国家公园潜在的功能区划关联指标。基于空间遥感数据、GIS空间分析、层次分析、熵值分析法等，并通过与政策分析有机结合，构建了基于空间格局分析与多因素权衡的国家公园功能区划方法体系，涉及青海湖国家公园生态系统服务功能、生态敏感性、人类活动干扰、游憩资源等评价方法路径，重点通过生态保护重要性评价，作为国家公园生态本底的定量表达，结合人类活动和游憩利用，实现"生态—保护—社会"三维复合功能空间格局的定量分析。改进了依靠单一因素而以资源保护为目标或以主要保护对象为主进行分区的方法，从而避免有可能导致影响发挥国家公园的多重功能，甚至出现保护与发展不平衡问题。

(3) 以空间量化方式识别并分析出青海湖国家公园多维指标表达的空间分布格局和功能分区方案

一是，揭示了青海湖国家公园生态保护重要性的空间分布梯度特征，识别和量化了人类活动干扰对青海湖国家公园空间资源的影响程度。结果表明：青海湖国家公园具有极为宝贵的山水林田湖草沙自然景观共存区域，80%以上面积自然完整度和生态连通度高，物能流动便利，生物扩散便捷，生态过程完整。创建区综合生态系统服务功能重要性程度评价结果是以"重要"为主，面积约为11998 km^2，占公园总面积的40.45%，主要集中在青海湖湖泊和河流周边，分布着山水林田湖草沙等多种自然生态系统，其中，湿地生态系统是该区域主要贡献因素；生态系统极敏感区域仅占国家公园的12.77%，主要为青海湖湿地生态系统和海拔4000m以上的森林生态系统。其背后原因主要是青海湖国家公园环境特殊，其风力侵蚀、水力侵蚀、土壤侵蚀交错并存，在海拔坡度较高、植被覆盖低、湖泊河流上游地区更容易遭受水力侵蚀和土壤侵蚀。但创建区生态系统格局稳定且整体生态环境趋好，能够提供较为综合的生态系统服务功能；人类活动干扰强度总体上较低，重度干扰面积占公园总面积只有6.23%，主要在天峻县、刚察县及鸟岛等地呈小范围密集辐射型分布。为了适应气候变化所导致的青海湖国家公园自然生态环境变化，以及作为国际生态旅游目的地所带来的人类活动干扰压力，重

点保护好青海湖国家公园湖泊和湿地生态系统,是长久维护该区域生态安全格局和生态系统完整性、原真性的关键。

二是,评价和预测了青海湖国家公园游憩资源等级和空间潜力特征。基于定性和定量表达,分析和筛选了评价指标类型,并通过相应权重设置,构建了游憩资源评价指标体系。经评价定级,创建区具有游憩资源特品级(即五级)10处;优良级99处,其中,四级22处、三级77处;普通级128处,其中,二级64处、一级64处,自然和人文游憩资源密切联系、相辅相成,有较好的互补性。在游憩资源构成上,以人文游憩资源为主,占总数的70.03%,其中,历史遗迹和地方风物是其主要组成,分别占人文旅游资源单体数量的41.86%和34.42%;以自然游憩资源为辅,占总数的29.97%,以地文景观资源为主,占数量的66.30%。根据游憩资源空间核密度分析,游憩空间潜力特级区域和优良级区域主要集中在青海湖及其周边等开发较为成熟的环湖地带,该区域具有开展生态体验、科普教育所需资源空间基础和全民共享性的空间潜力。

三是,对青海湖国家公园创建区进行功能分区理论实践验证。从国家公园核心功能即生态保护重要性评价着眼,基于空间格局分析与多因素权衡功能区划方法与路径,将青海湖国家公园划分为严格保护区、生态保育区、协调控制区、传统利用区、科教游憩区5个功能分区,面积占比依次为50.70%、21.16%、23.34%、0.44%、4.35%。在具体在分析划定过程中,通过多因素权衡判断与多目标抉择,以及自然地理边界、建设用地范围以及村庄、居民点等参考因素,对边界做进一步修正和细分,实现多重功能在空间上的可视化表达,从而建立功能分区方案并确定其边界范围。设置"动态分区"的协调控制区改变功能区划静态格局,体现了协调人地关系动态特征。在分区方案的基础上,根据所划分空间片区的主导功能开展利益相关者的生态、生活、生产活动与管理,促使国家公园保护价值和综合功能的整体效用实现最大化。

(4)基于现实情景和现行政策,制定出有利于空间治理的青海湖国家公园分区管控策略

青海湖国家公园范围内存在自然村、建制村和城镇,有大量的原住民居住,畜牧业、农牧业和草牧业生产和其他空间利用行为对生态空间的挤占压力较大。首先,有针对性地提出了与各功能分区配套的差别化管控目标与措施要求,有利于协调自然保护与资源利用的关系,实现国家公园的有效保护和人类福祉。其次,从游憩利用视角出发,明确游憩活动及行为管控。根据实地调查数据和空间数据,测算了青海湖国家公园生态环境容量,其自然环境容量约为3.96万人次。与此同时,分析了基于分区的人类活动游憩空间容量,其中,传统利用区约为12.29万人次、科教游憩区约为60.48万人次,进而避免人类活动数量突破生态

环境阈值。最后，明确管控类型（资源、游憩、社区）与负面清单管控内容，深入探讨管控策略实施创新，便于功能分区方案落地实践，也有助于协调生态保护与社区发展以及化解历史遗留问题。

5.2 研究展望

尽管本书在以国家公园为主体的自然保护地体系下以青海湖国家公园创建区为实证对其功能区划及管控进行了较为全面的研究，并提出了基于空间格局分析与多因素权衡国家公园功能区划方法和分区管控策略，但由于国家公园建设等相关问题是非常复杂且多学科交叉的，没有证据表明哪种分区方法技术是绝对优于另外一种的，现有关于国家公园的研究仅是"冰山一角"，仍然有一些问题需要再进一步考虑，今后还可以从以下3个方面深入研究。

首先，多种因素指标对国家公园功能分区还需要进一步深入研究。本书是以国家公园生态保护重要性为主进行了分区研究，而国家公园也是最大生物量和碳储量聚集地（Scheffers et al.，2016；Melillo et al.，2016；Collins and Mitchard，2017），特别是考虑到中国实现碳中和和减缓气候变化的迫切目标，准确预测全球变化背景下国家公园生态系统碳汇能力和有效地提升国家公园在未来气候变化情景下的碳汇能力，对国家公园边界确定和功能分区具有重要意义，这也是笔者开展的相关研究工作（Zhao et al.，2022a）。同时，构建不同分区控制和气候变化的情景设置来评估长时间序列国家公园生态保护以及人类活动带来的威胁，能进一步科学细分分区边界。所以，在今后的研究中，需要进行更加细致的考量，加强国家公园功能分区与其他相关因素的关联分析研究。

其次，在自然资源和社会经济资源调查方面，可以尝试选择多种方法和模型，从而提高资源本底的准确度和全面性（崔晓伟等，2021）。本书虽然通过全面调查和数据构建，把不同来源的数据进行处理、整合和空间叠置等，形成了较为全面的空间资源本底数据库，但有关生态系统和生物多样性的动态变化的数据还需要进一步获取和更新。所以，在接下来的研究中，可以通过构建天地空一体化综合监测体系和生态感知系统等，实时获得本底数据，提高国家公园功能分区的数据精度。

最后，国家公园高质量发展需要多个学科理论的支持，生态保护、社区融合、游憩发展及三者兼容协同规划等问题，都是国家公园管控和功能区划研究的必要命题。本书虽然构建了国家公园功能区划理论框架，并与国土空间规划体系对接，但主要是指导国家公园功能区划的政策目标和理论依据，只起到了方法路径和思路引领的作用。下一步还需要加强对其量化关系的研究，逐步提升和完善研究的方法和理论框架。

参考文献

保继刚，楚义芳，2003. 旅游地理学：修订版[M]. 北京：高等教育出版社.

蔡庆华，罗情怡，谭路，等，2021. 神农架国家公园：现状与展望[J]. 长江流域资源与环境，30(6)：1378-1383.

蔡晓明，蔡博峰，2012. 生态系统的理论和实践[M]. 北京：化学工业出版社.

蔡韵，2017. 关于地质公园功能分区规划的相关分析[J]. 资源信息与工程，32：105-106.

柴勇，余有勇，2022. 海南热带雨林国家公园体制创新路径研究[J]. 西部林业科学，51(1)：155-160.

陈斌，杨更，向贵府，等，2019. 地质公园规划功能分区相关问题及其优化[J]. 地质论评，65(2)：438-444.

陈诚，2014. 主体功能区划的空间效应评估与类型分界方法体系研究[M]. 北京：科学出版社.

陈利顶，傅伯杰，刘雪华，2000. 自然保护区景观结构设计与物种保护：以卧龙自然保护区为例[J]. 自然资源学报，15(2)：164-169.

陈灵芝，2014. 中国植物区系与植被地理[M]. 北京：科学出版社.

陈璐，周剑云，庞晓媚，2022. 洛杉矶城市分区的演变与新综合分区的转型[J]. 国际城市规划，37(4)：63-73.

陈曦，2020. 国家公园：从理念到实践[M]. 北京：中国建筑工业出版社.

陈向红，方海川，2003. 风景名胜区生态系统初步探讨[J]. 国土与自然资源研究(1)：64-66.

陈昕，彭建，刘焱序，等，2017. 基于"重要性—敏感性—连通性"框架的云浮市生态安全格局构建[J]. 地理研究，36(3)：471-484.

陈耀华，黄丹，颜思琦，2014. 论国家公园的公益性、国家主导性和科学性[J]. 地理科学，34(3)：257-264.

陈耀华，张丽娜，2016. 论国家公园的国家意识培养[J]. 中国园林，32(7)：5-10.

陈宇昕，颜剑英，钟阳，2019. 自然保护地分区管控探讨：以风景名胜区为例[J]. 规划师，35(22)：56-60.

崔晓伟，杨明星，孟宇辰，等，2021. 基于多源数据空间分析的国家公园管控分区研究：以钱江源国家公园体制试点区为例[J]. 生态学报，41(21)：8443-8455.

邓武功，贾建中，束晨阳，等，2019. 从历史中走来的风景名胜区：自然保护地体系构建下的风景名胜区定位研究[J]. 中国园林，35(3)：9-15.

丁红卫，李莲莲，2020. 日本国家公园的管理与发展机制[J]. 环境保护，48(21)：66-71.

樊杰，2004. 地理学的综合性与区域发展的集成研究[J]. 地理学报，59：33-40.

樊杰，2008. "人地关系地域系统"学术思想与经济地理学[J]. 经济地理，28(2)：870-878.

樊杰，2013. 主体功能区战略与优化国土空间开发格局[J]. 中国科学院院刊，28(2)：193-206.

樊杰，赵艳楠，2021. 面向现代化的中国区域发展格局：科学内涵与战略重点[J]. 经济地理，

41(1)：1-9.

樊杰，钟林生，黄宝荣，等，2019. 地球第三极国家公园群的地域功能与可行性[J]. 科学通报，64(27)：2938-2948.

范树平，程久苗，项思可，2011. 基于三维魔方的芜湖市域主体功能区划研究[J]. 亚热带资源与环境学报，6(2)：66-74.

房仕钢，2008. 国内外森林公园规划建设的对比研究[J]. 防护林科技，85(4)：82-84.

冯剑丰，李宇，朱琳，2009. 生态系统功能与生态系统服务的概念辨析[J]. 生态环境学报，18(4)：1599-1603.

弗雷德里克·斯坦纳，2004. 生命的景观：景观规划的生态学途径[M]. 北京：中国建筑工业出版社.

傅伯杰，刘国华，陈利顶，等，2001. 中国生态区划方案[J]. 生态学报，21(1)：1-6.

高吉喜，徐德琳，乔青，等，2020. 自然生态空间格局构建与规划理论研究[J]. 生态学报，40(3)：749-755.

高吉喜，徐梦佳，邹长新，2019. 中国自然保护地70年发展历程与成效[J]. 中国环境管理，11(4)：25-29.

耿松涛，唐洁，杜彦君，2021. 中国国家公园发展的内在逻辑与路径选择[J]. 学习与探索(5)：134-142+132.

谷光灿，刘智，2013. 从日本自然保护的原点：尾濑出发看日本国家公园的保护管理[J]. 中国园林，29(8)：109-113.

郭甲嘉，沈大军，2022. 国家公园体制背景下中国自然保护地体系变迁：基于多源流理论分析[J]. 生态学报，42(15)：6430-6438.

郭来喜，吴必虎，刘锋，等，2000. 中国旅游资源分类系统与类型评价[J]. 地理学报，55(3)：294-301.

郭泺，薛达元，杜世宏，2009. 景观生态空间格局：规划与评价[M]. 北京：中国环境科学出版社.

郭子良，张曼胤，崔丽娟，等，2018. 陆域自然保护区选址与规划设计研究进展[J]. 世界林业研究，31(1)：29-34.

韩爱惠，2019. 国家公园自然资源资产管理探讨[J]. 林业资源管理(1)：1-5+37.

韩艳莉，陈克龙，于德永，2019. 土地利用变化对青海湖流域生境质量的影响[J]. 生态环境学报，28(10)：2035-2044.

郝欣，秦书生，2003. 复合生态系统的复杂性与可持续发展[J]. 系统辩证学学报，11(4)：23-26.

何思源，苏杨，2019. 原真性、完整性、连通性、协调性概念在中国国家公园建设中的体现[J]. 环境保护，47(3)：28-34.

何思源，苏杨，闵庆文，2019a. 中国国家公园的边界、分区和土地利用管理：来自自然保护区和风景名胜区的启示[J]. 生态学报，39(4)：1318-1329.

何思源，苏杨，王蕾，等，2019b. 国家公园游憩功能的实现：武夷山国家公园试点区游客生态系统服务需求和支付意愿[J]. 自然资源学报，34(1)：40-53.

参考文献

呼延佼奇, 肖静, 于博威, 等, 2014. 我国自然保护区功能分区研究进展[J]. 生态学报, 34(22): 6391-6396.

胡宏友, 2001. 台湾地区的公园景观区划与管理[J]. 云南地理环境研究, 13(1): 53-59.

黄国勤, 2021. 国家公园的内涵与基本特征[J]. 生态科学, 40(3): 253-258.

黄丽玲, 朱强, 陈田, 2007. 国外自然保护地分区模式比较及启示[J]. 旅游学刊, 22(3): 18-25.

黄骁, 王梦君, 唐占奎, 2020. 国家公园生态旅游环境容量指标体系构建初探[J]. 林业建设(1): 1-9.

黄征学, 吴九兴, 2020. 国土空间用途管制政策实施的难点及建议[J]. 规划师, 36(11): 16-21.

贾倩, 郑月宁, 张玉钧, 2017. 国家公园游憩管理机制研究[J]. 风景园林(7): 23-29.

贾生华, 陈宏辉, 2002. 利益相关者的界定方法述评[J]. 外国经济与管理, 24(5): 13-18.

靳川平, 刘晓曼, 王雪峰, 等, 2020. 长江经济带自然保护地边界重叠关系及整合对策分析[J]. 生态学报, 40(20): 7323-7334.

蒋高明, 2018. 社会—经济—自然复合生态系统[J]. 绿色中国, 502(12): 53-56.

蒋亚芳, 田静, 赵晶博, 等, 2021. 国家公园生态系统完整性的内涵及评价框架: 以东北虎豹国家公园为例[J]. 生物多样性, 29(10): 1279-1287.

寇梦茜, 吴承照, 2020. 欧洲国家公园管理分区模式研究[J]. 风景园林, 27(6): 81-87.

赖敏, 吴绍洪, 戴尔阜, 等, 2013. 三江源区生态系统服务间接使用价值评估[J]. 自然资源学报, 28(1): 38-50.

黎国强, 孙鸿雁, 王梦君, 2018. 国家公园功能分区再探讨[J]. 林业建设(6): 1-5.

李春良, 2019. 深入贯彻落实习近平生态文明思想 建立具有中国特色的自然保护地体系[J]. 旗帜(8): 37-38.

李国庆, 刘长成, 刘玉国, 等, 2013. 物种分布模型理论研究进展[J]. 生态学报, 33(16): 4827-4835.

李洪义, 吴儒练, 田逢军, 2020. 近20年国内外国家公园游憩研究综述[J]. 资源科学, 42(11): 2210-2223.

李纪宏, 刘雪华, 2006. 基于最小费用距离模型的自然保护区功能分区[J]. 自然资源学报, 21(2): 217-224.

李平星, 2012. 广西西江经济带生态重要性分区及其与建设用地的空间叠置关系[J]. 生态学杂志, 31(10): 2651-2656.

李强, 肖劲松, 杨开忠, 2021. 论生态文明时代国土空间规划理论体系[J]. 城市发展研究, 28(6): 41-49.

李双成, 2014. 自然保护学[M]. 北京: 中国环境出版社.

李双成, 2021. 国土生态安全格局构建中的几个辩证关系[J]. 当代贵州(8): 80.

李宪坡, 袁开国, 2007. 关于主体功能区划若干问题的思考[J]. 现代城市研究, 22(7): 28-34.

李晓莉, 2010. 美国国家公园休闲土地管理中三个模型的应用及启示[J]. 人文地理, 25(1):

118-122.

李亚萍, 唐军, 吴韵, 等, 2021. 历史与自然双重视角下的加拿大国家公园准入与分布[J]. 中国园林, 37(10): 54-59.

李益敏, 管成文, 朱军, 等, 2017. 基于加权叠加模型的高原湖泊流域重要生态用地识别: 以星云湖流域为例[J]. 长江流域资源与环境, 26(8): 1251-1259.

李月臣, 刘春霞, 闵婕, 等, 2013. 三峡库区生态系统服务功能重要性评价[J]. 生态学报, 33(1): 168-178.

李正欢, 郑向敏, 2006. 国外旅游研究领域利益相关者的研究综述[J]. 旅游学刊, 21(10): 85-91.

连喜红, 祁元, 王宏伟, 等, 2019. 人类活动影响下的青海湖流域生态系统服务空间格局[J]. 冰川冻土, 41(5): 1254-1263.

梁兵宽, 刘洋, 唐小平, 等, 2020. 东北虎豹国家公园规划研究[J]. 林业资源管理(6): 23-30.

廖华, 宁泽群, 2021. 国家公园分区管控的实践总结与制度进阶[J]. 中国环境管理, 13(4): 64-70.

林凯旋, 周敏, 2019. 国家公园为主体的自然保护地体系构建的现实困境与重构路径[J]. 规划师, 35(17): 5-10.

刘超明, 岳建兵, 2021. 国家公园设立符合性评价分析: 以拟建青海湖国家公园为例[J]. 湿地科学与管理, 17(3): 49-53.

刘冬, 徐梦佳, 杨悦, 等, 2021. 落实主体功能区制度优化国土空间发展保护格局[J]. 环境保护, 49(22): 16-19.

刘攀峰, 2010. 青海湖地区空气密度年变化分析[J]. 青海大学学报, 28(2): 14-15.

刘世斌, 2014. 流域土地利用功能分区体系研究[D]. 武汉: 中国地质大学.

刘涛, 李保峰, 2015. 湿地公园总体规划设计路径与实践: 以广西贵港市鲤鱼江湿地公园总体概念规划为例[J]. 规划师, 31(12): 122-129.

刘伟玮, 李爽, 付梦娣, 等, 2019. 基于利益相关者理论的国家公园协调机制研究[J]. 生态经济, 35(12): 90-95+138.

刘晓丽, 赵然杭, 曹升乐, 2009. 城市水系生态系统服务功能价值评估初探[C]//中国水论坛. 环境变化与安全: 第五届中国水论坛论文集. 北京: 中国水利水电出版社.

刘信中, 1989. 试论我国自然保护区分类和管理体系[J]. 南京林业大学学报, 13(4): 42-47.

刘燕华, 郑度, 葛全胜, 等, 2005. 关于开展中国综合区划研究若干问题的认识[J]. 地理研究, 24(3): 321-329.

刘勇, 范琳, 杨永林, 等, 2020. 青海湖流域自然保护地整合优化探讨[J]. 林业资源管理(2): 73-78.

鲁大铭, 石育中, 李文龙, 等, 2017. 西北地区县域脆弱性时空格局演变[J]. 地理科学进展, 36(4): 404-415.

陆大道, 樊杰, 2009. 经济地理学的领路人、人文地理学的开拓者: 沉痛悼念我国当代杰出的地理学家吴传钧先生[J]. 经济地理, 29(3): 353-356.

骆正清，杨善林，2004. 层次分析法中几种标度的比较[J]. 系统工程理论与实践，24(9)：51-60.

马冰然，曾维华，解钰茜，2019. 自然公园功能分区方法研究：以黄山风景名胜区为例[J]. 生态学报，39(22)：8286-8289.

马娟娟，李晓兵，齐鹏，等，2022. 祁连山国家公园生态安全评价[J]. 山地学报，40(4)：504-515.

马克平，2023.《昆明-蒙特利尔全球生物多样性框架》是重要的全球生物多样性保护议程[J]. 生物多样性，31(4)：5-6.

马盟雨，李雄，2015. 日本国家公园建设发展与运营体制概况研究[J]. 中国园林，31(2)：32-35.

马昕炜，曾永年，2011. 基于格网单元的县级土地利用总体规划生态环境影响评价方法与应用[J]. 长江流域资源与环境，20(10)：1198-1204.

马之野，杨锐，赵智聪，2019. 国家公园总体规划空间管控作用研究[J]. 风景园林，26(4)：17-19.

闵庆文，2022. 国家公园综合管理的理论、方法与实践[M]. 北京：科学出版社.

欧阳志云，杜傲，徐卫华，2020. 中国自然保护地体系分类研究[J]. 生态学报，40(20)：7207-7215.

彭建，2019. 以国家公园为主体的自然保护地体系：内涵、构成与建设路径[J]. 北京林业大学学报(社会科学版)，18(1)：38-44.

彭立圣，牟瑞芳，2006. 层次分析法在生态旅游资源评价中的应用研究[J]. 环境科学与管理，31(3)：177-180.

彭琳，赵智聪，杨锐，2017. 中国自然保护地体制问题分析与应对[J]. 中国园林，33(4)：108-113.

曲艺，王秀磊，栾晓峰，等，2011. 基于不可替代性的青海省三江源地区保护区功能区划研究[J]. 生态学报，31(13)：3609-3620.

阙占文，2021. 自然保护地分区管控的法律表达[J]. 甘肃政法学院学报，176(3)：26-35.

饶恩明，肖燚，欧阳志云，等，2013. 海南岛生态系统土壤保持功能空间特征及影响因素[J]. 生态学报，33(3)：746-755.

师江澜，2007. 江河源区环境地域分异规律与生态功能分区研究[D]. 杨凌：西北农林科技大学.

苏红巧，苏杨，2018. 国家公园：区域绿色发展的新平台[J]. 绿叶(9)：27-35.

苏珊，姚爱静，赵庆磊，等，2019. 国家公园自然资源保护分区研究：以北京长城国家公园体制试点区为例[J]. 生态学报，39(22)：8319-8326.

孙久文，苏玺鉴，2020. 新时代区域高质量发展的理论创新和实践探索[J]. 经济纵横(2)：6-14.

孙然好，李卓，陈利顶，2018. 中国生态区划研究进展：从格局、功能到服务[J]. 生态学报，38(15)：5271-5278.

孙盛楠，田国行，2014. 基于ROS的森林公园总体规划功能分区研究：以嵩县天池山森林公园为例[J]. 西南林业大学学报，34(2)：78-83.

孙元敏，张悦，黄海萍，2015. 南澳岛生态旅游环境容量分析[J]. 生态科学，34(1)：158-161.

唐博雅，刘晓东，2011. 保护行动计划软件在湿地自然保护区功能区划分中的应用概述[J]. 湿地科学与管理，7(1)：44-47.

唐芳林，2010. 中国国家公园建设的理论与实践研究[D]. 南京：南京林业大学.

唐芳林，2014. 国家公园属性分析和建立国家公园体制的路径初探[J]. 林业建设(3)：1-8.

唐芳林，2014. 中国需要建设什么样的国家公园[J]. 林业建设(5)：1-7.

唐芳林，2017a. 国家公园理论与实践[M]. 北京：中国林业出版社.

唐芳林，2017b. 试论中国特色国家公园体系建设[J]. 林业建设，194(2)：1-7.

唐芳林，2019. 中国特色国家公园体制特征分析[J]. 林业建设(4)：1-7.

唐芳林，孙鸿雁，王梦君，等，2017. 南非野生动物类型国家公园的保护管理[J]. 林业建设(1)：1-6.

唐芳林，王梦君，黎国强，2017. 国家公园功能分区探讨[J]. 林业建设(6)：1-7.

唐芳林，王梦君，李云，等，2018. 中国国家公园研究进展[J]. 北京林业大学学报(社会科学版)，17(3)：12-27.

唐小平，2021. 国家公园：守护地球家园的最美国土[J]. 森林与人类(11)：12-18.

唐小平，2019. 中国自然保护领域的历史性变革[J]. 中国土地(8)：9-13.

唐小平，2020. 国家公园规划制度功能定位与空间属性[J]. 生物多样性，28(10)：1246-1254.

唐小平，刘增力，马炜，2020a. 我国自然保护地整合优化规则与路径研究[J]. 林业资源管理(1)：1-10.

唐小平，蒋亚芳，赵智聪，等，2020b. 我国国家公园设立标准研究[J]. 林业资源管理(2)：1-8.

唐小平，栾晓峰，2017. 构建以国家公园为主体的自然保护地体系[J]. 林业资源管理(6)：1-8.

陶岸君，2018. 功能区划在中小尺度空间规划中的应用[M]. 南京：东南大学出版社.

陶聪，2019. 国家公园生态系统评价与管理[M]. 上海：上海交通大学出版社.

陶晶，臧润国，华朝朗，等，2012. 森林生态系统类型自然保护区功能区划探讨[J]. 林业资源管理(6)：47-50+58.

万本太，徐海根，丁晖，等，2007. 生物多样性综合评价方法研究[J]. 生物多样性，15(1)：97-106.

汪劲柏，赵民，2008. 论建构统一的国土及城乡空间管理框架：基于对主体功能区划、生态功能区划、空间管制区划的辨析[J]. 城市规划(12)：40-48.

王芳，姚崇怀，2014. 基于利益相关者的郊野型风景名胜区可持续发展评价研究：以湖北省为例[J]. 自然资源学报，29(7)：1225-1234.

王凤昆，2007. 俄罗斯生态保护构架：特别自然保护区域体系[J]. 野生动物，28(1)：39-41.

王连勇，霍伦贺斯特·斯蒂芬，2014. 创建统一的中华国家公园体系：美国历史经验的启示[J]. 地理研究，33(12)：2407-2417.

王梦君，孙鸿雁，2018. 建立以国家公园为主体的自然保护地体系路径初探[J]. 林业建设（3）：1-5.

王梦君，唐芳林，张天星，2017. 国家公园功能分区区划指标体系初探[J]. 林业建设（6）：8-13.

王梦桥，王忠君，2021. VERP 理论在国家公园游憩管理中的应用及启示：以美国拱门国家公园为例[J]. 世界林业研究，34（1）：25-30.

王伟，李俊生，2021. 中国生物多样性就地保护成效与展望[J]. 生物多样性，29（2）：133-149.

王智，蒋明康，朱广庆，等，2004. IUCN 保护区分类系统与中国自然保护区分类标准的比较[J]. 农村生态环境，20（2）：72-76.

王子芝，李玥，华世明，等，2021. 基于生态保护加权的普达措国家公园功能分区研究[J]. 南京林业大学学报（自然科学版），45（6）：225-231.

温煜华，2019. 祁连山国家公园发展路径探析[J]. 西北民族大学学报（哲学社会科学版），233（5）：12-19.

温战强，高尚仁，郑光美，2008. 澳大利亚保护地管理及其对中国的启示[J]. 林业资源管理（6）：117-124.

吴承照，2018. 国家公园是保护性绿色发展模式[J]. 旅游学刊，33（8）：1-2.

吴承照，刘广宁，2017. 管理目标与国家自然保护地分类系统[J]. 风景园林（7）：16-22.

吴承照，欧阳燕菁，潘维琪，等，2022. 国家公园人与自然和谐共生的内涵与途径[J]. 园林，39（2）：57-62.

吴传钧，1991. 论地理学的研究核心：人地关系地域系统[J]. 经济地理，11（3）：1-6.

吴殿廷，张文新，王彬，2021. 国土空间规划的现实困境与突破路径[J]. 地球科学进展，36（3）：223-232.

吴婧洋，严利洁，韩笑，等，2018. 基于我国现行自然保护地制度构建国家公园管理体系[J]. 城市发展研究，25（3）：20-24.

吴征镒，1980. 中国植被[M]. 北京：科学出版社．

谢高地，鲁春霞，甄霖，等，2009. 区域空间功能分区的目标、进展与方法[J]. 地理研究，28（3）：561-570.

徐建华，2006. 计量地理学[M]. 北京：高等教育出版社．

徐嵩龄，1993. 自然保护区的核心区、缓冲区和保护性经营区界定：关于中国自然保护区结构设计的思考[J]. 科技导报（1）：21-24.

徐翔，王超超，2019. 高质量发展研究综述及主要省市实施现状[J]. 全国流通经济，（17）：112-114.

许学工，2000. 加拿大的保护区系统[J]. 生态学杂志，19（6）：69-74.

许仲林，彭焕华，彭守璋，2015. 物种分布模型的发展及评价方法[J]. 生态学报，35（2）：557-567.

徐菲菲，种雪晴，王丽君，2023. 中国自然保护地研究的现状、问题与展望[J]. 自然资源学报，38（4）：902-917.

叶雅慧, 张婧雅, 2023. 国家公园"管控—功能"二级分区规划划定方法：以神农架国家公园体制试点区为例[J]. 自然资源学报, 38(4)：1075-1088.

闫颜, 唐芳林, 田勇臣, 等, 2021. 国家公园最严格保护的实现路径[J]. 生物多样性, 29(1)：123-128.

严国泰, 沈豪, 2015. 中国国家公园系列规划体系研究[J]. 中国园林, 31(2)：15-18.

杨辰, 王茜, 周俭, 2019. 环境保护与地区发展的平衡之道：法国的大区自然公园制度与实践[J]. 规划师, 35(17)：36-43.

杨锐, 2021. 中国国家公园治理体系：原则、目标与路径[J]. 生物多样性, 29(3)：269-271.

杨锐, 庄优波, 赵智聪, 2020. 国家公园规划[M]. 北京：中国建筑工业出版社.

杨伟民, 2008. 推进形成主体功能区优化国土开发格局[J]. 经济纵横(5)：17-21.

于广志, 蒋志刚, 2003. 自然保护区的缓冲区：模式、功能及规划原则[J]. 生物多样性, 11(3)：256-261.

袁南果, 杨锐, 2005. 国家公园现行游客管理模式的比较研究[J]. 中国园林, 21(7)：27-30.

岳邦瑞, 费凡, 2018. 从生态学语言向景观生态规划设计语言的转化途径[J]. 风景园林, 25(1)：21-27.

虞虎, 陈田, 钟林生, 等, 2017. 钱江源国家公园体制试点区功能分区研究[J]. 资源科学, 39(1)：20-29.

张朝枝, 曹静茵, 罗意林, 2019. 旅游还是游憩？我国国家公园的公众利用表述方式反思[J]. 自然资源学报, 34(9)：1797-1806.

张朝枝, 杨继荣, 2022. 基于可持续发展理论的旅游高质量发展分析框架[J]. 华中师范大学学报(自然科学版), 56(1)：43-50.

张冠乐, 李陇堂, 王艳茹, 等, 2016. 宁夏沙湖景区生态旅游环境容量[J]. 中国沙漠, 36(4)：1153-1161.

张惠远, 饶胜, 万军, 2009. 发挥生态功能区划的基础作用, 促进区域生态恢复[J]. 环境保护(13)：23-26.

张锦明, 游雄, 2013. 地形起伏度最佳分析区域预测模型[J]. 遥感学报, 17(4)：728-741.

张军扩, 侯永志, 刘培林, 等, 2019. 高质量发展的目标要求和战略路径[J]. 管理世界, 35(7)：1-7.

张林艳, 叶万辉, 黄忠良, 2006. 应用景观生态学原理评价鼎湖山自然保护区功能区划的实施与调整[J]. 生物多样性, 14(2)：98-106.

张文国, 侯鹏, 翟俊, 等, 2019. 生态系统评估模型参数空间分布研究[J]. 环境生态学, 1(7)：8-14.

张玉钧, 2022. 国家公园理念中国化的探索[J]. 人民论坛·学术前沿(4)：66-79+101.

张媛, 王靖飞, 吴亦红, 2009. 生态功能区划与主体功能区划关系探讨[J]. 河北科技大学学报, 30(1)：79-82.

张振威, 杨锐, 2013. 论加拿大世界自然遗产管理规划的类型及特征[J]. 中国园林, 29(9)：36-40.

章俊华, 白林, 2002. 日本自然公园的发展与概况[J]. 中国园林, 18(5)：87-90.

赵力，张炜，刘楠，等，2021. 国家公园理念下区域生态旅游资源评价：以青海湖与祁连山毗邻区域为例[J]. 干旱区地理，44(6)：1796-1809.

赵力，周典，2021. 秦东区域自然保护地整合优化空间体系重构[J]. 河南农业大学学报，55(3)：561-570+579.

赵智聪，彭琳，2020. 国家公园分区规划演变及其发展趋势[J]. 风景园林，27(6)：73-80.

赵智聪，王小珊，杨锐，2022. 基于国际经验的中国国家公园气候变化应对路径[J]. 中国园林，38(4)：6-13.

赵智聪，杨锐，2021. 中国国家公园原真性与完整性概念及其评价框架[J]. 生物多样性，29(10)：1271-1278.

郑度，1998. 关于地理学的区域性和地域分异研究[J]. 地理研究，17(1)：5-10.

郑度，2012. 地理区划与规划词典[M]. 北京：中国水利水电出版社.

钟林生，2003. 生态旅游规划原理与方法[M]. 北京：化学工业出版社.

周本琳，徐惠强，1991. 自然保护区资源评价初探[J]. 南京林业大学学报(自然科学版)，15(2)：11-15.

周崇军，2006. 赤水桫椤国家级自然保护区功能区划分方法研究[D]. 贵阳：贵州师范大学.

周建东，2009. 城市风景名胜公园环境容量研究[D]. 南京：南京林业大学.

周睿，2016. 国家公园社区旅游可持续发展研究：以钱江源国家公园体制试点区为例[D]. 北京：中国科学院地理科学与资源研究所.

周世强，1994. 卧龙自然保护区的功能分区及有效管理研究[J]. 四川师范学院学报(自然科学版)，15(2)：153-156.

周兴民，1986. 青海植被[M]. 青海：青海人民出版社.

朱传耿，马晓冬，2007. 地域主体功能区划：理论·方法·实证[M]. 北京：科学出版社.

朱春全，2018. IUCN自然保护地管理分类与管理目标[J]. 林业建设(5)：19-26.

朱家明，任筱翮，2017. 基于AHP-熵值法的精明增长计量分析[J]. 安徽大学学报(自然科学版)，41(6)：61-67.

朱里莹，徐姗，兰思仁，2016. 国家公园理念的全球扩展与演化[J]. 中国园林，32(7)：36-40.

BORRINI-FEYERABEND G，DUDLEY N，JAEGER T，et al.，2017. IUCN自然保护地治理：从理解到行动[M]. 朱春全，李叶，赵云涛，译. 北京：中国林业出版社.

DUDLEY N，2016. IUCN自然保护地管理分类应用指南[M]. 朱春全，欧阳志云，张琰，等，译. 北京：中国林业出版社：33-36.

ADAMS V M，IACONA G D，POSSINGHAM H P，2019. Weighing the benefits of expanding protected areas versus managing existing ones[J]. Nature Sustainability，2(5)：404-411.

AGOSTINI V N，MARGLES S W，KNOWLES J K，et al.，2015. Marine zoning in St. Kitts and Nevis：A design for sustainable management in the Caribbean[J]. Ocean & Coastal Management，104：1-10.

AZIZ T，2023. Terrestrial protected areas：Understanding the spatial variation of potential and realized ecosystem services[J]. Journal of Environmental Management，326：116803.

BAI Y, WONG C P, JIANG B, et al., 2018. Developing China's Ecological Redline Policy using ecosystem services assessments for land use planning[J]. Nature Communications, 9(1): 3034.

BASSET A, 2007. Ecosystems and society: do they really need to be bridged? [J]. Aquatic Conservation-Marine and Freshwater Ecosystems, 17(6): 551-553.

BELOTE R T, BARNETT K, DIETZ M S, et al., 2021. Options for prioritizing sites for biodiversity conservation with implications for "30 by 30"[J]. Biological Conservation, 264: 109378.

BRENNAN A, NAIDOO R, GREENSTREET L, et al., 2022. Functional connectivity of the world's protected areas[J]. Science, 376(6597): 1101-1104.

BROCKMAN C F, MERRIAM L C, 1979. Recreational use of wild lands[M]. New York: McGraw-Hill.

BROWNELL E E, 1931. Final report of the Yellowstone National Park Boundary Commission [R]. Washington DC: [s. n.].

BURKARD R E, 1984. Quadratic Assignment Problems[J]. European Journal of Operational Research, 15(3): 283-289.

CAJICA A K O, HINOJOSA-ARANGO G, GARZA-PÉREZ J R, et al., 2020. Seascape metrics, spatio-temporal change, and intensity of use for the spatial conservation prioritization of a Caribbean marine protected area[J]. Ocean and Coastal Management, 194: 105265.

CAO Y, CARVER S, YANG R, 2019. Mapping wilderness in China: Comparing and integrating Boolean and WLC approaches[J]. Landscape Urban Planning, 192: 103636.

CAO Y, WANG Y F, TSENG T, et al., 2022. Identifying ecosystem service value and potential loss of wilderness areas in China to support post-2020 global biodiversity conservation[J]. Science of the Total Environment, 846: 157348.

CHENG Q, CHENG X, MA K X, et al., 2020. Offering the win-win solutions between ecological conservation and livelihood development: National parks in Qinghai, China[J]. Geography and Sustainability, 1(4): 251-255.

CHESWORTH N, 2004. Tourism planning: basics, concepts, cases[J]. Tourism Management, 25(2): 287-288.

COLLINS M B, MITCHARD E T A, 2017. A small subset of protected areas are a highly significant source of carbon emissions[J]. Scientific Reports, 7: 1-11.

CUMMING G S, ALLEN C R, BAN N C, et al., 2015. Understanding protected area resilience: a multi-scale, social-ecological approach[J]. Ecological Applications, 25(2): 299-319.

EDGAR G J, STUART-SMITH R D, WILLIS T J, et al., 2014. Global conservation outcomes depend on marine protected areas with five key features[J]. Nature, 506(7487): 216-220.

FAN J, ZHONG L S, HUANG B R, et al., 2019. Territorial function and feasibility of the Earth's Third Pole national park cluster[J]. Chinese Science Bulletin, 64(27): 2938-2948.

FORCHOICE G, 1974. Programme on man and the biosphere, Task force on: Criteria and guidelines for the choice and establishment of biosphere reserves [R]. Switzerland: Organized jointly by UNESCO and UNEP.

参考文献

FORSTER R P, 1973. Planning for man and nature in national parks: reconciling perpetuation and us [R]. Switzerland: Iucn Publications New.

FU M D, TIAN J L, REN Y H, et al., 2019. Functional zoning and space management of Three-River-Source National Park[J]. Journal of Geographical Sciences, 29(12): 2069-2084.

FU X X, WANG X F, ZHOU J T, et al., 2021. Optimizing the Production-Living-Ecological Space for Reducing the Ecosystem Services Deficit[J]. Land, 10(10): 1001.

GENELETTI D, DUREN I V, 2008. Protected area zoning for conservation and use: A combination of spatial multicriteria and multiobjective evaluation[J]. Landscape and Urban Planning, 85(2): 97-110.

GONG Y X, JI X, HONG X C, et al., 2021. Correlation Analysis of Landscape Structure and Water Quality in Suzhou National Wetland Park, China[J]. Water, 13(15): 2075.

HAN R, FENG C C E, XU N Y, et al., 2020. Spatial heterogeneous relationship between ecosystem services and human disturbances: A case study in Chuandong, China[J]. Science of the Total Environment, 721: 137818.

HJORTSO C N, STRAEDE S, HELLES F, 2006. Applying multi-criteria decision-making to protected areas and buffer zone management: A case study in the Royal Chitwan National Park, Nepal[J]. Journal of Forest Economics, 12(2): 91-108.

HODGSON J A, MOILANEN A, WINTLE B A, et al., 2011. Habitat area, quality and connectivity: striking the balance for efficient conservation[J]. Journal of Applied Ecology, 48(1): 148-152.

HU X F, WEI L F, CHENG Q, et al., 2023. Adjusting the protected areas on the Tibetan Plateau under changing climate[J]. Global Ecology and Conservation, 45: e02514.

HULL V, XU W H, LIU W, et al., 2011. Evaluating the efficacy of zoning designations for protected area management[J]. Biological Conservation, 144(12): 3028-3037.

JOHNSON C N, BALMFORD A, BROOK B W, et al., 2017. Biodiversity losses and conservation responses in the Anthropocene[J]. Science, 356: 270-274.

JONES K R, VENTER O, FULLER R A, et al., 2018. One-third of global protected land is under intense human pressure[J]. Science, 360: 788-791.

KUBACKA M, YWICA P, SUBIRÓS J V, et al., 2022. How do the surrounding areas of national parks work in the context of landscape fragmentation? A case study of 159 protected areas selected in 11 EU countries[J]. Land Use Policy, 113: 105910.

LEOPOLD A, 1949. A Sand County Almanac and Sketches Here and There [M]. New York: Oxford University Press.

LI F, XU M, LIU Q, et al., 2014. Ecological restoration zoning for a marine protected area: A case study of Haizhouwan National Marine Park, China[J]. Ocean & Coastal Management, 98: 158-166.

LI J S, WANG W, AXMACHER J C, et al., 2016. Streamlining China's protected areas[J]. Science, 351(6278): 1160-1160.

LI S C, ZHANG H, ZHOU X W, et al., 2020. Enhancing protected areas for biodiversity and ecosystem services in the Qinghai Tibet Plateau[J]. Ecosystem Services, 43: 101090.

LI S H, YU D Y, HUANG T, et al., 2022. Identifying priority conservation areas based on comprehensive consideration of biodiversity and ecosystem services in the Three-River Headwaters Region, China[J]. Journal of Cleaner Production, 359: 132082.

LI W J, WANG Z J, MA Z J, et al., 1999. Designing the core zone in a biosphere reserve based on suitable habitats: Yancheng Biosphere Reserve and the red crowned crane[J]. Biological Conservation, 90(3): 167-173.

LIU J, VINA A, YANG W, et al., 2018. China's Environment on a Metacoupled Planet[J]. Annual Review of Environment and Resources, 43: 1-34.

LIU J G, OUYANG Z Y, PIMM S L, et al., 2003. Protecting China's biodiversity[J]. Science, 300(5623): 1240-1241.

LU Y H, ZHANG L W, ZENG Y, et al., 2017. Representation of critical natural capital in China [J]. Conservation Biology, 31(4): 894-902.

MA B R, ZENG W H, XIE Y X, et al., 2022. Boundary delineation and grading functional zoning of Sanjiangyuan National Park based on biodiversity importance evaluations[J]. Science of the Total Environment, 825: 154068.

MCNEELY J A, 1994. Protected areas for the 21st century: working to provide benefits to society[J]. Biodiversity and Conservation, 3(5): 390-405.

MELILLO J M, LU X L, KICKLIGHTER D W, et al., 2016. Protected areas' role in climate-change mitigation[J]. Ambio, 45(2): 133-145.

MILLER-RUSHING A J, PRIMACK R B, MA K P, et al., 2017. A Chinese approach to protected areas: A case study comparison with the United States.[J]. Biological Conservation, 210: 101-112.

MORZC, 2012. Parks and protected areas in Canada: Planning and management(3rd ed.)[J]. Canadian geographer, 56(1): 152-153.

MÜLLER A, BØCHER P K, SVENNING J C, 2015. Where are the wilder parts of anthropogenic landscapes? A mapping case study for Denmark[J]. Landscape and Urban Planning, 144: 90-102.

NEWBOLD T, HUDSON L N, HILL S L L, et al., 2015. Global effects of land use on local terrestrial biodiversity[J]. Nature, 520: 45-50.

NORTON B A, COUTTS A M, LIVESLEY S J, et al., 2015. Planning for cooler cities: A framework to prioritise green infrastructure to mitigate high temperatures in urban landscapes[J]. Landscape and Urban Planning, 134: 127-138.

OUYANG Z, ZHENG H, XIAO Y, et al., 2016. Improvements in ecosystem services from investments in natural capital[J]. Science, 352: 1455-1459.

PAKZAD P, OSMOND P, 2016. Developing a Sustainability Indicator Set for Measuring Green Infrastructure Performance[J]. Procedia Social and Behavioral Sciences, 216: 68-79.

PENG F, 2018. The practice and exploration on the establishment of national park system in China [J]. International Journal of Geoheritage Parks, 6(1): 1-16.

PRICE M F, 1983. Management planning in the Sunshine Area of Canada's Banff National Park[M]. Canada: Parks.

RADFORD S L, SENN J, KIENAST F, 2019. Indicator-based assessment of wilderness quality in mountain landscapes[J]. Ecological Indicators, 97: 438-446.

RASMUSSEN D I 1934. Fauna of the national parks of the United States[J]. Ecology, 15: 322-323.

REID W V, MILLER K R, 1989. Keeping options alive: The scientific basis for conserving biodiversity[M]. Washington DC: World Resources Institute.

SABATINI M D, VERDIELL A, IGLESIAS R M R, et al., 2007. A quantitative method for zoning of protected areas and its spatial ecological implications[J]. Journal of Environmental Management, 83(2): 198-206.

SALA E, MAYORGA J, BRADLEY D, et al., 2021. Protecting the global ocean for biodiversity, food and climate[J]. Nature, 592(7854): 397-402.

SAUTTER E T, LEISEN B, 1999. Managing stakeholders: A tourism planning model[J]. Annals of Tourism Research, 26(2): 312-328.

SCHEFFERS B R, DE MEESTER L, BRIDGE T C L, et al., 2016. The broad footprint of climate change from genes to biomes to people[J]. Science, 354(6313): 7671.

SHAFER C L, 1999a. US national park buffer zones: Historical, scientific, social, and legal aspects[J]. Environmental Management, 23(1): 49-73.

SHAFER C L, 1999b. History of selection and system planning for US natural area national parks and monuments: beauty and biology[J]. Biodiversity and Conservation, 8: 189-204.

SHELFORD V E, 1941. List of reserves that may serve as nature sanctuaries of national and international importance, in Canada, the United States, and Mexico[J]. Ecology, 22(1): 100-110.

SHELFORD V E, 1933. Nature sanctuaries a means of saving natural biotic communities[J]. Science, 77(1994): 281-282.

SHICHENG L, HENG Z, XUEWU Z, et al., 2020. Enhancing protected areas for biodiversity and ecosystem services in the Qinghai-Tibet Plateau[J]. Ecosystem Services, 43: 101090.

SILVA D C M J, DIAS C D A C T, CUNHA D C A, et al. 2021. Funding deficits of protected areas in Brazil[J]. Land Use Policy, 100: 104926.

SOBHANI P, ESMAEILZADEH H, WOLF I D, et al., 2023. Evaluating the ecological security of ecotourism in protected area based on the DPSIR model[J]. Ecological Indicators, 155: 110957.

STEFFEN W, RICHARDSON K, ROCKSTROM J, et al., 2015. Planetary boundaries: Guiding human development on a changing planet[J]. Science, 347: 736.

TANG J, LU H, XUE Y D, et al., 2021. Data-driven planning adjustments of the functional zoning of Houhe National Nature Reserve[J]. Global Ecology and Conservation, 29: 01708.

TANTIPISANUH N, SAVINI T, CUTTER P, et al., 2016. Biodiversity gap analysis of the protected area system of the Indo-Burma Hotspot and priorities for increasing biodiversity representation[J].

Biological Conservation, 195: 203-213.

VISCONTI P, BUTCHART S H M, BROOKS T M, et al., 2019. Protected area targets post-2020 [J]. Science, 364(6437): 239-241.

WALTHER P, 1986. The meaning of zoning in the management of natural resource lands[J]. Journal of Environmental Management, 22(4): 331-343.

WAN L L, YE X Y, LEE J, et al., 2015. Effects of urbanization on ecosystem service values in a mineral resource-based city[J]. Habitat International, 46: 54-63.

WANG B, ZHONG X, XU Y, et al., 2023a. Optimizing the Giant Panda National Park's zoning designations as an example for extending conservation from flagship species to regional biodiversity [J]. Biological Conservation, 281: 109996.

WANG Q, YU H, ZHONG L S, et al., 2023b. Optimising the relationship between ecological protection and human development through functional zoning [J]. Biological Conservation, 281: 110001.

WANG Y, WANG X F, YIN L C, et al., 2021. Determination of conservation priority areas in Qinghai Tibet Plateau based on ecosystem services[J]. Environmental Science and Policy, 124: 553-566.

WANG Y J, YANG H B, QI D W, et al., 2021. Efficacy and management challenges of the zoning designations of China's national parks[J]. Biological Conservation, 254: 108962.

WEI D, FENG A, HUANG J, 2020. Analysis of ecological protection effect based on functional zoning and spatial management and control[J]. International Journal of Geoheritage Parks, 8(3): 166-172.

WU R, POSSINGHAM H P, YU G, et al., 2019. Strengthening China's national biodiversity strategy to attain an ecological civilization[J]. Conservation Letters, 12(5): e12660.

XU H, 2013. Evolvement, System and Characteristics of National Park in Japan[J]. World Forestry Research, 26(6): 69-74.

XU W, XIAO Y, ZHANG J J, et al., 2017. Strengthening protected areas for biodiversity and ecosystem services in China [J]. Proceedings of the National Academy of Sciences, 114(7): 1601-1606.

XUE S, FANG Z, BAI Y, et al., 2023. The next step for China's national park management: Integrating ecosystem services into space boundary delimitation[J]. Journal of Environmental Management, 329: 117086.

YATES K L, SCHOEMAN D S, KLEIN C J, 2015. Ocean zoning for conservation, fisheries and marine renewable energy: Assessing trade-offs and co-location opportunities[J]. Journal of Environmental Management, 152(2): 201-209.

YU A D, 2019. Entropy-Based Estimation in Classification Problems[J]. Automation and Remote Control, 80(3): 502-512.

ZHANG G, YAO T, XIE H, et al., 2020. Response of Tibetan Plateau lakes to climate change: Trends, patterns, and mechanisms[J]. Earth-Science Reviews, 208: 103269.

ZHANG H C, SMITH J W, 2023. A data-driven and generalizable model for classifying recreation opportunities at multiple spatial extents[J]. Landscape and Urban Planning, 240: 104876.

ZHANG J Z, YIN N, LI Y, et al., 2020. Socioeconomic impacts of a protected area in China: An assessment from rural communities of Qianjiangyuan National Park Pilot[J]. Land Use Policy, 99: 104849.

ZHANG Z M, SHERMAN R, YANG Z J, et al., 2013. Integrating a participatory process with a GIS-based multi-criteria decision analysis for protected area zoning in China[J]. Journal for Nature Conservation, 21(4): 225-240.

ZHAO L, DU M, DU W, et al., 2022a. Evaluation of the Carbon Sink Capacity of the Proposed Kunlun Mountain National Park[J]. International Journal of Environmental Research and Public Health, 19(16): 9887.

ZHAO L, DU M, ZHANG W, et al., 2022b. Functional zoning in national parks under multifactor trade-off guidance: A case study of Qinghai Lake National Park in China[J]. Journal of Geographical Sciences, 32(10): 1969-1997.

ZHENG Y, LAN S, CHEN W Y, et al., 2019. Visual sensitivity versus ecological sensitivity: An application of GIS in urban forest park planning[J]. Urban Forestry & Urban Greening, 41: 139-149.

ZHOU B Y, BUESCHING C D, NEWMAN C, et al., 2013. Balancing the benefits of ecotourism and development: The effects of visitor trail-use on mammals in a Protected Area in rapidly developing China[J]. Biological Conservation, 165: 18-24.

ZHOU K, WU J Y, LIU H C, 2021. Spatio-temporal estimation of the anthropogenic environmental stress intensity in the Three-River-Source National Park region, China[J]. Journal of Cleaner Production, 318: 128476.

ZHUANG H F, XIA W C, ZHANG C, et al., 2021. Functional zoning of China's protected area needs to be optimized for protecting giant panda[J]. Global Ecology and Conservation, 25: 01392.

ZHUANG, Q, WANG L, ZHENG G, 2022. An Evaluation of National Park System Pilot Area Using the AHP-Delphi Approach: A Case Study of the Qianjiangyuan National Park System Pilot Area, China[J]. Forests, 13(8), 1162.

附录 A 青海湖国家公园创建区珍稀濒危野生动物名录

序号	中文名	学名	保护等级
1	棕熊	*Ursus arctos*	国家二级
2	豺	*Cuon alpinus*	国家二级
3	雪豹	*Panthera uncia*	国家一级
4	荒漠猫	*Felis bieti*	国家二级
5	猞猁	*Felis lynx*	国家二级
6	兔狲	*Otocolobus manul*	国家二级
7	石貂	*Martes foina*	国家二级
8	藏野驴	*Equus kiang*	国家一级
9	野牦牛	*Bos mutus*	国家一级
10	白唇鹿	*Przewalskium albirostris*	国家一级
11	普氏原羚	*Procapra przewalskii*	国家一级
12	马麝	*Moschus sifanicus*	国家一级
13	马鹿	*Moschus berezovskii*	国家二级
14	藏原羚	*Procapra picticaudata*	国家二级
15	鹅喉羚	*Gazella subgutturosa*	国家二级
16	岩羊	*Pseudois nayaur*	国家二级
17	盘羊	*Ovis ammon*	国家二级
18	角䴙䴘	*Podiceps auritus*	国家二级
19	白鹈鹕	*Pelecanus onocrotalus*	国家二级
20	黑鹳	*Ciconia nigra*	国家一级
21	疣鼻天鹅	*Cygnus olor*	国家二级
22	大天鹅	*Cygnus cunus*	国家二级
23	白额雁	*Anser albifrons*	国家二级
24	蓑羽鹤	*Anthropoides virgo*	国家二级
25	灰鹤	*Grus grus*	国家二级
26	黑颈鹤	*Grus nigricollis*	国家一级
27	白琵鹭	*Platalea leucorodia*	国家二级

附录 A 青海湖国家公园创建区珍稀濒危野生动物名录

(续)

序号	中文名	学名	保护等级
28	小青脚鹬	*Tringa guttifer*	国家二级
29	藏雪鸡	*Tetraogallus tibetanus przewalskii*	国家二级
30	暗腹雪鸡	*Tetraogallus himalayensis*	国家二级
31	蓝马鸡	*Crossoptilon auritum*	国家二级
32	金雕	*Aquila chrysaetos*	国家一级
33	白肩雕	*Aquila heliaca*	国家一级
34	白尾海雕	*Haliaeetus albicilla*	国家一级
35	玉带海雕	*Haliaeetus leucoryphus*	国家一级
36	胡兀鹫	*Gypaetus barbatus*	国家一级
37	草原雕	*Aquila nipalensis*	国家二级
38	鹗	*Pandion haliaetus*	国家二级
39	黑鸢	*Milvus migrans*	国家二级
40	灰脸鵟鹰	*Butastur indicus*	国家二级
41	乌雕	*Aquila clanga pallas*	国家二级
42	雕鸮	*Bubo bubo*	国家二级
43	长耳鸮	*Asio otus*	国家二级
44	纵纹腹小鸮	*Athene noctua*	国家二级
45	大鵟	*Buteo hemilasius*	国家二级
46	普通鵟	*Buteo buteo*	国家二级
47	秃鹫	*Aegypius monachus*	国家二级
48	高山兀鹫	*Gyps himalayensis*	国家二级
49	红隼	*Falco tinnunculus*	国家二级
50	燕隼	*Falco subbuteo*	国家二级
51	猎隼	*Falco cherrug milvipes*	国家二级
52	游隼	*Falco peregrinus*	国家二级
53	白头鹞	*Circus aeruginosus*	国家二级
54	白尾鹞	*Circus cyaneus*	国家二级

附录 B 青海湖国家公园创建区珍稀濒危野生植物名录

序号	中文名	学名	保护等级
1	桃儿七	*Sinopodophyllum hexandrum*	国家二级
2	喜马红景天	*Rhodiola himalensis*	国家二级
3	唐古红景天	*Rhodiola tangutica*	国家二级
4	四裂红景天	*Rhodiola quadrifida*	国家二级
5	甘草	*Glycyrrhiza uralensis*	国家二级
6	三蕊草	*Sinochasea trigyna*	国家二级
7	三刺草	*Aristida triseta*	国家二级
8	梭罗草	*Kengyilia thoroldiana*	国家二级
9	青海固沙草	*Orinus kokonorica*	国家二级
10	甘肃贝母	*Fritillaria przewalskii*	国家二级
11	毛杓兰	*Cypripedium franchetii*	国家二级
12	羽叶点地梅	*Pomatosace filicula*	国家二级

后 记

本书是基于作者多项研究成果撰写的著作。研究中的部分数据采集与处理、资料收集与调研等得益于本书第一作者作为项目主持人完成的《青海湖流域生态旅游规划（2021-2035年）》项目成果；也得益于作者承担的国家林草局林草软科学研究项目"自然保护地与社区融合发展研究"（编号2023131020）、陕西生态空间治理重点课题"国家公园体制建设中的事权划分研究：现状、问题与对策"（编号2022HZ1815）等。

感谢国家林草局西北调查规划院领导在本书出版经费等方面给予的支持；感谢西北调查规划院自然保护地处（国家公园处）诸位同仁的关心；感谢西安交通大学刘秋雨助理教授、康翔博士、苏昊博士生、苟聪硕士生等在本书修改、校勘等方面的协助；感谢中国林业出版社肖静主任、葛宝庆编辑的出版匡助。

鉴于作者水平有限，书中难免有不妥及疏漏之处，恳请同行与读者批评指正。

著者

2025年4月